木 易◎主编

只要路是对的，再难也要坚持

北京工艺美术出版社

图书在版编目（CIP）数据

只要路是对的，再难也要坚持/木易主编. — 北京：北京工艺美术出版社，2017.6

（励志·坊）

ISBN 978-7-5140-1197-5

Ⅰ.①只… Ⅱ.①木… Ⅲ.①人生哲学－通俗读物 Ⅳ.①B821-49

中国版本图书馆CIP数据核字（2017）第029999号

出 版 人：陈高潮
责任编辑：赵震环
封面设计：天下装帧设计
责任印制：宋朝晖

只要路是对，再难也要坚持

木易 主编

出　　版 北京工艺美术出版社
发　　行 北京美联京工图书有限公司
地　　址 北京市朝阳区化工路甲18号
　　　　　中国北京出版创意产业基地先导区
邮　　编 100124
电　　话 （010）84255105（总编室）
　　　　　（010）64283630（编辑室）
　　　　　（010）64280045（发　行）
传　　真 （010）64280045/84255105
网　　址 www.gmcbs.cn
经　　销 全国新华书店
印　　刷 三河市天润建兴印务有限公司
开　　本 710毫米×1000毫米　1/16
印　　张 18
版　　次 2017年6月第1版
印　　次 2017年6月第1次印刷
印　　数 1～6000
书　　号 ISBN 978-7-5140-1197-5
定　　价 39.80元

CONTENTS

目 录

超越自我，全力以赴心中的梦

CONTENTS

你不是优秀的别人，但能做更好的自己

目录

所有的努力，时间都不会辜负

CONTENTS

做想做的事，潇洒无畏地活着

目录

生活什么滋味，全由你决定

超越自我，全力以赴心中的梦

与其理想化他人的生活，

不如把自己的生活过成理想。

与其羡慕别人有漂亮的鞋子，

不如穿着自己的鞋子漂亮地奔跑。

过自己的生活，让别人羡慕去

[听说你过得不好，我也就开心了]

我曾经在文章中说到，安慰他人的方法之一便是“共鸣比较法”，通常以“朋友，你不是独自一人”开头，然后声泪俱下地将自己悲惨的故事说给需要安慰的人听，一定要说比他更惨的事。比如他说他失恋，我就会说我从来没恋可失；他说他遭窃，我就会说窃贼来我家，在冰箱上贴张“你真是个穷鬼”的留言条走了……

这种方法似乎颇具安慰的功效，许多人都在用，比如朋友跟你倾诉他对目前工作的不满，觉得收入太低，你极可能对他说，“你的工作收入虽然不高，但是稳定，又比较轻松，你知道现在有多少大学毕业生找不到工作吗？”朋友跟你抱怨他在大城市里买不起房，只能租房，你极可能对他说，“买不起房的又不是你一个人，有多少人在这个城市里还住着群租房呢，你现在一个人租住一个单房，该知足了”。

居委会里的一些社工们也在用这种“安慰法”。“你虽然出车祸伤了脚，现在走路样子难看，但是你看看别人的状况比你更惨更糟，像张家的儿子，李家的女儿，都在车祸中断了腿，人家不是都还活得好好的吗？相比那些在车祸中丧命的，你真的算得上幸运啦！”

认真探究这些言论，你会发现其核心是：原来比我惨的人还大有人在的优越+幸运心理。但他们为什么之前不会有这种优越和幸运的心理呢？为什么他们之前会对自己的现状感到不满？觉得自己不幸福呢？

原因还在于比较。比如一个人在上海月收入五千元，他对自己收入不满意，大多数情况是他在比较，与身边的月收入八千元或一万元的朋友、同学、亲戚进行比较，或者跟网上公布的“上海白领平均月薪”进行比较，然后他就对自己的现状不满意了。

那些安慰人的话并未脱离“比较”的本质，只是换了一个比较的对象，让你从原本的“比上”，变成了“比下”。不过我们大多数人往往是“比上不足、比下有余”，于是“比上”就产生了不满和不幸，“比下”就产生了优越和幸福。“比较安慰法”只是让人跟比自己“更差”的人进行了比较，于是感觉“我更好”“我拥有更多”“我更幸福”的感觉，于是获得了心理上的满足。

但我不禁怀疑，这样的安慰真的能帮到一个人吗？这种安慰的效果是不是如肥皂泡泡，转瞬就破灭呢？如果每一个人都要通过与自己“更差”的人进行比较才能感觉到自己是满足的、幸福的，那是否意味着每一个人都存在一个阴暗的逻辑：我的快乐是建立在别人的痛苦之上的。或者，像现在网络上非常流行的那些话：“把你的不开心说出来，让大家开心开心。”“听说你过得不好，我也就开心了。”“你若安好，我便晴天霹雳。”这些话语背后展现了比较带来的人际间的攻击性和暴力。

我们也可以由此看到这个社会的风气和价值观，即比较的价值观。我们的生活充斥着比较，学生之间比分数的高低，大人们则比谁的房子更大，谁挣钱更多，谁开的车子更好，甚至谁嫁得好、娶得好也要比较，身材、样貌、消费账单样样都要拿出来比较。

在这样的比较中，我们能获得快乐和幸福吗？答案一定是否定的。比较只会带来无穷的压力和困扰，甚至有人因为比较患上了严重的心理疾病。有个网友写信给我，说她因为以前常和单位里的同事比较，比谁更有钱，发展得更好，然后患上了强迫思维，自己无法停止比较，心里总觉得同事在嘲笑自己不如他，难以控制，然后焦虑抑郁，内心痛苦，甚至想过要自杀，以此摆脱强迫症的折磨。

[我们习惯于理想化他人的生活]

有一位女友告诉我，她决定再也不刷微信朋友圈了，因为每次看完朋友圈就心情抑郁，对自己和自己的生活更加不满。因为看到的不是朋友A晒出的美美结婚照，就是同学B发出的欧洲七日游的旅行照，抑或者是同事C在看车展，准备买车的宣言，还有那些买房了，恋爱了，涨工资了，有人送鲜花，参加比赛获奖等信息。对比之下，她觉得工作忙碌，单身多年又没有特别丰富生活的自己活得很失败，很悲惨，对别人的生活更加羡慕嫉妒恨。

这几天一个Facebook上很火的短片《我的鞋子》在微信公众号上疯狂转发。视频里，一个男孩穿着一条破烂的裤子以及一双开着大口，露出全部脚趾的鞋子坐在公园的长椅上，他想象别人会如何嘲笑他，心情很苦闷。然后他看到另一个也坐在椅子上的男孩，衣着干净整洁，还有一双崭新好看的球鞋。

这下他更郁闷痛苦了，从那个男孩身边走开，坐在树下，将破烂的鞋子脱下来套在手上开始和自己对话：

为什么我的鞋子是这样的？

我不知道。

这不公平。

是的，我知道。但我们什么都改变不了。

我不想像现在这样。

我也是。

我希望我能像他一样！

然后这个男孩闭上眼睛开始用力祈祷：我想变成他！我想变成他！等他睁开眼睛，他坐在长椅上，衣着干净，穿上了崭新好看的球鞋，这时一个大人推来轮椅，说抱歉让他等久了，不远处的树下，另外一个男孩开心地欢呼和奔跑。

显然，这个短片也是在用那个比较的原理，告诫人们不要羡慕别人的生活，你虽然穿着破烂的鞋子，但你好歹还能自由奔跑，跟那些双腿残疾的人比起来你幸福多了。但从这个短片里还可以看到理想化他人是如何让我们自己不快乐的。

短片中的男孩和前面提到的女网友一样都在羡慕别人的生活，因为他们没有看到那些被自己羡慕的人其实也有自己的痛苦和悲伤。我们看待别人的生活总是片面的，我们总在无意识地美化和理想化他人的生活。他人的生活在我们眼中是过滤掉痛苦和缺憾的，呈现出完美幸福的一面。我们总在不自觉地将他人的生活用美图秀秀修过之后与自己的生活进行对比，然后觉得自己活得更惨。

我们将生活分裂成两部分，一部分是别人的美好和幸福，另一部分是自己的痛苦和不幸。就像托尔斯泰在《战争与和平》说的那句话：“世界现在为了我而分为两半：一个是她，那里充满了欢乐、希望、光明；另一半就是没有她的世界，那里充斥着沮丧与黑暗。”

一直以来我都收到一些读者和网友的来信，他们表达对我文章的喜爱之情，也表达对我自由职业生活的羡慕，羡慕我能做自己喜欢的事情，过自己理想的生活。前几天收到一份类似的邮件，这位网友问：“怎么才能做到您这样呢？”他还说：“我向往的生活就是像您一样：写作、阅读、跑步、旅行和美食。”我把这封信念给家人听，他们说：“哦，这位读者把你理想化了。你的生活中除了写作、阅读、跑步、旅行和美食这些美好的东西，还有其他不美好的东西他没有看到。”

我只好老实地告诉他：“写作与跑步并不是一件非常开心的事情，我今天早上跑了三公里，当时又累又热。每天伏案写作我也倍感孤独。因为工作很忙，我有两年没有进行长途旅行了，每次只能进行短途旅行。我想你把我的生活理想化了，每个人的生活都有快乐，但一定也有痛苦。”

理想化他人会有一些好处，即获得一种精神鼓舞，美国心理学家朱瑟琳在《我和你》一书说：“我们可能会指望别人来拓展我们的意识，我们也可能希望用某种方式拥有另一个人的完美，或者我们能够有意识地认同并试图变成像我们敬仰的某个人。”“一旦我们把他人理想化，我们自己也就通过与他们或者他们的某些象征之间的联系而获得鼓舞。”但理想化有一个更大危险，它让我们对自己更加不满，让我们看不到真实的他人与世界，而活在一种自制的幻觉中。

[当你羡慕别人的同时，别人也在羡慕着你]

我们渴望拥有那些我们自身以外但又比我们自己现状更好的生活。这个“更好的生活”往往就是我们想象的别人的生活。人人似乎都生活在别处，我们觉得别人的生活，别处的生活，就会比自己此时此地的生活更好。漂泊在北上广的人们总是觉得大城市压力大，生活孤独，回到家乡生活会更幸福，空气质量好，生活压力小，亲朋好友可以彼此支持，而留在家乡，待在小城市的人们总是抱怨家乡的落后，受困于环境的单一和乏味，渴望出去闯荡，憧憬着外面自由又美好的世界。

很多人认识不到，从来就没有所谓的完美生活，他人展现的生活或者我们自己展现给别人的生活，很多时候也是经过美图秀秀修饰过的，相比将自己的痛苦展现给他人，我们更愿意晒自己的幸福，所以朋友圈里晒幸福的居多。不信你看看自己发的朋友圈是“好消息”多，还是“坏消息”多？

于是，当你羡慕别人的同时，别人也在羡慕着你。就像短片中的那两个男孩，一个羡慕对方有漂亮的新鞋子，一个羡慕对方可以自由奔跑。然后大家活在一个相互比较，相互羡慕，相互理想化但又都对自己的生活不满意的状态里。

一个做高校学生心理咨询的朋友告诉我一个有趣的事情。一个班级里的两个学生A和B在不同的时段来与他做心理咨询。A羡慕B学习认真，成绩好，性格沉稳内敛，觉得自己贪玩不努力。B羡慕A活泼开朗，人际关系好，希望自己像A一样快乐，他为自己严肃和内向的性格而苦恼。但他们都不知道对方其实在羡慕着自己。

我有一个来访者年纪轻轻，开着高档汽车在亲戚的公司上班，被单位的同事羡慕嫉妒恨，觉得她生活无忧无虑，又有背景，她为此很困扰，她说这些同事完全不知道她因为工作压力大而失眠，也不知道她从来没有谈过恋爱，正被父母逼着去相亲。

很多时候，别人的生活真的只是看上去很美，并不是我们想象的那般美好。那些秀恩爱的夫妻中有人正为没有性生活而烦恼；那些晒旅行照的朋友中有人正为找不到酒店而哭泣；那些发布买房消息的同事中有人正为房贷和家人争吵……我们习惯于理想化他人的生活，但是真相是每个人都是普通人，没有谁的生活过得特别容易，每个人都有这样那样的生活困境和不如意。

想要获得真正的幸福，第一要务恐怕就是停止与他人比较。有比较会产生优越，但更多的是产生痛苦。一比较，你就容易失去了自己当下的快乐与幸福。比较会让你陷入追逐的游戏中，像一只渴望刺激，无法停止下来的小白鼠，永远带着不满足，想要更多。你的生活并不是要跟谁一决高下，要学会跳出比较的价值观，学会不诉诸外界而诉诸内心，走自己的路，过自己的生活，把目光放在自己的身上而不是紧盯着别人的生活。

你也不必羡慕和理想化他人的生活。每一个的生活都是“如人饮水冷暖自知”，无论怎样的生活都是普通人的五味杂陈，七荤八素，没有谁的生活就是完美而无缺的，只是一种选择与另一种选择的不同，而每一种选择都要承担相应的代价。

看看自己想要的理想生活是怎样的，再好好审视，这样的生活能否通过自己的努力实现？然后低头努力，让自己每一天的付出都更靠近理想生活一点点。过好自己的生活，珍惜和感恩自己的生活是重要的，也是幸福生活的秘诀。

与其理想化他人的生活，不如把自己的生活过成理想。与其羡慕别人有漂亮的鞋子，不如穿着自己的鞋子漂亮地奔跑。

不可小觑每天努力的那一点点

一件事情坚持21天就可以成习惯。我坚持了21天每晚孩子睡了以后在网上上英语课，开始很难，每天都想找理由不上课，逼自己坚持下来，21天后口语听力甩以前几条街。

怀孕生子，很多事情停滞下来了。差不多两年的时间，大部分的时间都会被怀孕的身体反应以及孩子出生后的琐碎占据。可以做一个不管孩子的工作狂妈妈，但会失去孩子的依恋，像刀割一般的心疼；也可以做全职妈妈，但又担心天天在家待着对自己和孩子也并不是百分之百的好。每天上班，下班，回家用仅有的时间陪孩子到他睡着，再蹑手蹑脚地开始自己的晚安时光。是的，每天晚上8点以后到凌晨2点，就是我的晚安时光。

我一直幻想着，每天的这六个小时，都会是我独处的时光，可以看看书写写字，事实上，没有一天是这么安静地过，哪怕只有半小时。不是在收拾屋子，就是整理东西，再或者是完成一些工作，以及处理一些家庭和个人琐碎。很多很多事情，在不知不觉中停下来，比如读书，比如写字，比如没有了灵感，比如在看到工作的内容感觉渐行渐远。现在，我突然理解了，为什么很多公司不愿意要适婚年龄的女性，很多曾经的信誓旦旦，在生命的画面转到这一篇儿的时候，由不得你。着急，焦虑，恐慌，逃避，感觉周围都在各自的世界里欢呼跳跃，只有自己在黄色的灯光下寻找未来的路。

经历长达10个月的怀孕和4—6个月的产假，身体依然在缓慢地恢复，即便是看上去好端端的一个人，也存在着巨大的体力浩劫损耗。以前出门疯一天洗个澡还能看好几集电视剧，现在去健个身回来都能躺几个小时不想起来。即便家里有人帮忙什么都不用我干，依旧存在着定时定点吸奶，陪一个还无法明确跟你互动的孩子去玩，但心里想着还有一个文章没写，上半截的书看到哪页了？依然会被手机里的买买买所吸引，在各国代购的消息中耗费了大把大把的时间。曾经努力奋斗的自己好像已经没有了，曾经天天关心的行业动态在几个月的不闻不问中已渐行渐远。这就是现实，但没人会告诉你该怎么办。我现在开始明白，一个女性在生育期间的变化，绝不仅仅是身体与精神的变化，更重要的是在社会中的自我价值的微妙改变以及对自身价值的认知与再出发。

我的周围，有很多妈妈，在生完孩子之后，走上了一条全新的道路，比如创业，比如辞职，比如干脆换一个行业，比如投身于孩子相关的事业当中，一半是因为从新的人生角色中找到了灵感，还有就是原来的路，原来的价值观，原来的小伙伴和生活方式，再也回不去了。对于我来讲，很久没有耐心读完一本书了，晚上总被打断的睡眠让白天都昏沉沉的，倒是对买买买仿佛一夜间成为了小能手，但却也在和手机的亲密接触太久后恶心得想要扔了它。

我开始想要改变自己，我选择了学英语。有人问我，怎么一直都在学，哩哩啦啦这么多年。因为一直都没学好呗。我和老师定了每晚十点半在电脑上上课，每天晚上孩子睡了以后，都会在这个时间准时上课。很多时候，我都想取消今晚的课程，原因有很多，太累了，心情不好，还没收拾完屋子。但每到这时候也有另一种声音告诉自己，坚持下去，坚持21天，你不能再浑浑噩噩地过日子，你不能老觉得自己特别聪明什么功夫都不下就像什么都学得会。

是啊，我一直觉得自己很聪明而懒得下功夫，以为随便看看学学翻翻书就能堪比别人几个晚上得来的辛苦。年纪越大越发现这是一个极其幼稚的想法之后，内心渴望着来一场血雨腥风好让自己能下功夫好好学点什么。无论是参加培训班还是分享讲座，如果内心不重视起来，得到再多的资源又能怎么样呢？

21天后的现在，课程表上打满了21天的学习记录，每个外教老师的评价我都一个个看，有的说我要增强语法，有的说要增强词汇量，上课的时候抓紧时间多说多练习。真的，21天后，我都不敢相信，自己的口语比大学时候还要好。

我喜欢这个小小的开始，让我得到了一点点信心，让我觉得自己在用力地克服那些张狂的惰性，然后带着我，在重新慢慢返回社会的时候，看到了自己还能努力做到些什么。

曾经在刚进入职场实习和工作的时候，特别看不惯周围年长一些的同事天天买买买和炫包包、炫鞋子的生活，觉得恶俗又没有意义，简直不是一路人。当有一天，我发现自己也喜欢上买买买的时候，内心的震撼与颤抖无以复加。现在我明白，买买买炫炫炫的生活并没有不对，也没有恶俗，只是每个人想要的生活方式不一样。作为一个危机感特别重的人，不断地努力才能让我有安全感。

我在慢慢找回当年的我自己。很高兴，最初的我还没有走远，它还在这里，我还是最初的样子。只不过之前跑得比较远，现在我叫住它，它回来了。

再出发，喜欢每天都努力一点点的自己。

希望自己能坚持住，能拥有下一个时光里的灿烂和光芒。

既然决定了，就放手去做好了

有时候，坚持一件事情不是因为毅力，而是因为兴趣。

[1]

如果问我：小时候的记忆中，你最想做的一件事情是什么？我一定会回答你："我想变得瘦瘦的。"

小学的时候，情窦初开，总是会默默地喜欢一个男生，却在见到他的那一刻，飞一样地躲开，如果实在躲闪不及，我就会佯装出很平静的样子，内心早已波涛汹涌。

记得小学那会儿，我喜欢瘦瘦高高聪明的男生，可是当时，瘦瘦高高聪明的男生怎么会喜欢一个胖胖羞涩还不解风情的女生呢，也就是怎么会喜欢我呢，当时的我内心颇为自卑，虽然一度大家认识我的方式都是"那个学数学竞赛的女孩"，但是都不足以让自己昂扬自信起来。

当时，我很羡慕小学时的音乐课代表M，她身材高挑，常常面带自信的微笑，最重要的是，她真的很受男生欢迎。每天中午午休结束，她就会走到讲台上，伸出双手举到齐头高的位置，接着我们就在她纤细手臂的挥动下开始唱歌。我常常出神地望着她，有一次她买了一双很流行的白色大头皮鞋，我羡慕极了，回去就开始纠缠妈妈给我买白色大头皮鞋。

就这样，我一直把自己收不到男生情书和表白归结为“我胖”。到了初中，随着越来越在乎外表这件事，我就开始减肥，还记得当时刚好是“非典”集中暴发的时期，学校停课了。“机会来了。”我内心狂喜，终于可以把更多时间花在“减肥”上了。

拿出纸笔，细细制订计划：“早上去体育场跑十圈，晚上连走带跑十圈，每顿饭只吃半碗饭，配一些清淡的菜。”偷偷制订计划之后，就开始严格执行。开始我瘦得很慢，但是几天后，我发现我平躺的时候可以摸到自己的肋骨，我的腰身越来越纤细，再后来，我的裤子由二尺二变成了二尺，又变成了一尺八，我开心极了，暗想：“时机未到，继续坚持。”直到有一天，我去上古筝课，学古筝的老师指指我的手腕对我说：“你看看你瘦得。”我才发现，我手腕处的骨头凸出来了。上完课，狂奔回去，一上称，竟然只有82斤。对于当时身高一米六、体重向来都是三位数的我来说，这个数字带给我的不仅仅是兴奋，还有重新找回的自信。

复课后，大家都围过来，看着我宽松的裤子，“你怎么瘦了这么多？”“你是不是得非典了？”我很低调，“没，减肥减得。”在一系列的追问中，大家开始适应我瘦瘦的样子。

我可以很轻松地跷二郎腿了，可以看到喜欢的裤子直接说给我拿最小码，看到喜欢的衣服不再关注“会不会显胖”这个问题。所有的好运都是一环套一环的，我的成绩变得更加稳定，一度考了一个年级第一。

其实，现在想想：当时的毅力哪来的？我觉得，可能是我享受减肥这件事情带给我的成就感远远大于胃液灼烧和胃壁摩擦带给我的痛苦。乐在其中地去坚持一件事，总好过天天暗示自己“你必须这么做”要来得容易且长久。

[2]

从高中开始，他突然喜欢上了音乐，唱歌成为他生活中迫切需要的一件事情，就像水之于鱼一样，随即，他便忐忑地对母亲说："我想学声乐。"母亲从并不十分富裕的积蓄里拿出一些，请了每小时150元的声乐老师，满足了他的愿望。

从那时起，唱歌成为了他身体的一部分，走路的时候在唱，坐公交的时候在唱，丝毫不在乎别人的眼光，甚至，每天晚上出去练声成为了一个习惯。

"今天别去了。"母亲望望窗外的大雨劝慰道。

"妈，没事儿，你早点休息。"他拍拍母亲的肩，拿了一把伞就转身出去了。

雨天和雪天都未能阻挡他将这个习惯延续下去。

转瞬到了高考报志愿的时候，他毅然填报了就业率两极化的声乐专业，未来之路的艰难他不是不明白，可是不试一把，又怎么对得起呼啸而过的青春?

他对音乐的热爱是从骨子里散发出来的，亦如他的母亲。

母亲在他这个年纪，已经在校文艺队经历了各种弯腰劈叉的训练，还天生一副好嗓子。

在做了几年音乐教师之后，母亲为了照顾上初中的他和姐姐，放弃了一份大学音乐教师的跳槽机会，因为，如果去大学任教，由于距离原因得住校，那么两个孩子的饮食起居怎么办?

从此，母亲一直将这个爱好深埋在心底，从事了另一份薪水略好的工作，毕竟，高中，大学哪一个阶段不需要钱。

可是，无论是同学聚会，还是公司聚餐，在需要一展歌喉的时候，母亲的好嗓子定能一鸣惊人，从未荒废。

曾经看到一家创意公司的招聘信息，其中有一条要求应聘者提到自己的兴趣爱好时能够两眼发亮，这条标准不无道理，爱好往往让人变得魅力而特别。

有些爱好，渗透到血液，蔓延到骨髓，无论过多久，无论在何时，这个爱好就是你的一个“舒适区”，当你抵达，所有烦恼抛诸脑后，大叹一声：“这才是生活。”

[3]

知乎上有人提问说：“为什么有人愿意用喝酒、吹牛、看综艺节目来消磨时间，有人却选择用这些时间来看一本书？”

其实，答案无关乎对错，只是因为每个人的舒适区不同，有人的舒适区就是读书，有人的舒适区就是看电视、打麻将。

很多人多有过类似的体验：紧张的时候，会愿意看年少时看过的电视剧，吃年少时最喜欢吃的零食，如果跟父母关系好，那么每次回老家都是一种愉悦体验，就算跟着父母看俗套的电视剧也会心情舒畅。

每个人都有自己的爱好，这个爱好就是最让你有安全感的舒适区，它甚至是一种仪式般的行为，每个人所做的，都是对当时心情的最优解。

“毅力”这个词，真的是给别人准备的。就像我一个朋友，学管理的，自己考上了社科院法硕的研究生，我说：“你真的好棒，法律这个陌生的领域，你竟然无师自通了。”她嫣然一笑：“其实，当你看进去了，就没那么难了。”

半个月后，我竟然发现我开始爱上做题了，爱上周末起大早去自习室时的感觉，就这样坚持了一个多月，最终岗位笔试竟然考了第一。

现在想想，任何事情都是这样一个过程，决定去做了，就着手去做，一旦找到了舒适区，你就会乐在其中，或许就发现：“喜欢比努力更重要。”

永远充满喜悦地唱每一首歌，跳每一段舞，看每一场球赛，过每一段人生。

想到和得到只有一个做到的距离

[1]

这两年特别流行健身，尤其让人羡慕的是那些腿瘦、脸小、脂肪薄的女孩们个个都有小腹肌，身材完美得无懈可击。每次看到这些偶像兼实力派的女孩，总是让我斗志昂扬，立刻产生3分钟热度。于是我马上决定，从明天起，每天慢跑5公里，做30个下蹲、40个仰卧起坐。还准备了计步器、运动护膝，各项工作都被那份热情推动着顺利地进行。

可到了开始实行计划时，我就在头脑里盘算着，今天还是算了吧，明天要参加一个重要的会议，要保持一个良好的睡眠。到了第二天，想想还是算了吧，一天的工作已经让人精疲力竭了，何必如此为难自己。

后来的后来，在无数次“想想”的时间里，各种理由纷至沓来。可是，很多重要的事，想着想着也就想算了。

[2]

我有两个朋友，一起报考了同一个专业技能的职称考试，两人报名时信誓旦旦地说，今年一定会过。

距离考试6个月时，两人想着反正时间还长，有的是时间复习；距离考试

3个月时，两人开始有点慌了，可是又想一想，最近工作忙，朋友聚会也多，确实没时间看书，索性就在考试前1个月复习；到了考试的前1个月，两人已经习惯了当头脑里纠结做与不做时，只需要毫不费力地“想一想”，就可以把问题轻易地抛给想象中的困难和借口。

于是到了考试那天，两人也没真正好好复习过。甚至考试当天，其中一个朋友没参考，理由是，打印了准考证，看了考试地点，想一想，太远了，也就算了。

有多少重要的事，总是在最艰难的起步时，遇到世上最大的诱惑“想想”。于是很多事情，想着想着，也就算了。

[3]

一年前的世界读书日，有一朋友，在微信朋友圈立志要天天读书。大家也习惯了这样的事，每当遇到一些特别的纪念日或节日，几乎我们的朋友圈都有这样的人，总是要为了应景应时发表一段人生誓言。可最终能兑现承诺的人，少之又少。

之后的一年，他就像消失了一样，再也不见他活跃在朋友圈里。今年4月23日，他发了一条消息：做到了。朋友们都惊呆了，一年前我们以为他闹着玩儿的读书计划，他竟真的做到了：每天看书1小时，每周阅读1本书，每月写5篇2000字以上的读书心得。

在我们都惊讶于他为什么就能做到时，他发了一条统一回复，只有两个字：行动。

他的经验是：首先，保证精力，把所有零碎的时间都集合在一起，但凡能利用的时间，他丝毫不放过。其次，保持毅力，他每天有“三必须”：必须按时、必须保量、必须保质完成任务。士不可不弘毅，任重而道远。最后，也是最重要的，就是实现前面两点的执行力和行动力。一旦定下目标，就立刻行动，立即行动，立马行动。

世上通往成功的路有很多条，但在路上的人却只有两种，一种人永远都在“想象出发”的路上，还有一种人是已经在“出发”的路上。而最后成功的人，往往是后者，是那些真正脚踏实地走在路上的人。他们勇于尝试，勇于试错，勇于在行动中去实践，去探索。

[4]

有很多重要的事，想着想着就想算了。本来打算周末回家看看父母，想想来回路上太折腾，还是算了吧。本来打算学开车，想想那么多科目，也不知道什么时候能考过，还是算了吧。本来打算联系好久不见的好友，想想她应该不需要被打扰，还是算了吧。

“本来打算……想想，还是算了吧”，成了不少人常常使用的经典句式。

很多时候，我们明明就下定了决心，要踏踏实实干成某件事，可总是在起步时，被想象中的困难所击败。我们的问题不在没准备好、没时间、没精力、没经验，我们的问题在于总是想得太多，做得太少。如果你知道自己要去哪儿，并且已经在路上，那么全世界都会为你让路。

明日复明日，明日何其多？我生待明日，万事成蹉跎。你缺乏的可能不是明确的目标、周密的计划，或者充裕的时间，你缺乏的是立即行动的勇气和力量。既然目标已经锁定，当你开始行动的时候，就已经成功了一半。

世界上最遥远的距离是“想到”和“得到”之间的距离，因为中间隔了一条万水千山的“做到”。你总要先下水，才知水深水浅；你总要先去走，才知道能不能跑；你也总是要先学主动去爱，才会收获被爱的资格。

世上有多少重要的事，想着想着就想算了。同样，世上也有多少重要的事，干着干着，也就干成了。

你有梦却不追，那拿着梦想干嘛呢

“青春如同奔流的江河一去不回，来不及道别。只剩下麻木的我，没有了当年的热血。”

“当初的愿望实现了吗，事到如今只好祭奠吗？”

网络电影《老男孩》里面，就有两个“老男孩”相伴去追寻年少时的梦想，追忆一次过往。现实生活平淡无奇，但是过往和梦想都激情四射。片子不长，结果弄得好多趴在网上的老男孩们都感动得稀里哗啦，说能从电影中找到自己的影子。

男人即使到老死，都会有男孩的心理、男孩的心态或者男孩的心思。所以，女网友眼里的优质男人是：和大人在一起像大人，和孩子在一起像孩子，和狗在一起像狗。

现实太骨感，男人需要丰满的梦想来点缀人生。

老男孩的主要表现为迷恋自己的鲁莽、幼稚、无知，希望全世界，包括身边的女人宽容地接纳他的一切不成熟和不负责任，还要打心眼里认为他是可爱多。

此外，男人热衷于诉说自己的梦想，期待有人分享他的梦想。

男人和男人喜欢在一起晒梦想。

如果一个男人能找到另一个或者另一群男人一起晒梦想，他们称这种事情为“妻子难言之事”，并且互相信赖，互相引为知己，一起在意念中去幻想，或者在思绪中去追忆。

冯小刚就明白这个道理，所以他让男人为实现梦想而努力，并且为自己的梦想埋单。在电影《甲方乙方》里，他让一群人整了一个“好梦一日游”公司，简称“梦游”。

还记得英达饰演的巴顿将军吗？

既嗜血又文雅，既霸道又民主，既爱兵如子又粗鲁冷酷，既讲究战略战术又轻率自负。

其实很多男人觉得自己骨子里有巴顿的影子，但是他们自打小时候玩过扛着树枝当战旗的游戏之后，就再没有机会去体味自己的梦想，更别说什么兑现了。而有一些男人，因为是成功人士，他们的梦想，甚至梦话，就成为一种想象力，一种创新精神，一种头脑风暴，令他们显得更加可爱起来。

据马云身边的人说，马云常和朋友们一起做梦。他的梦想千奇百怪，有一次，忽然梦想着自己有了绝世武功，像风清扬那样，手里有根稻草，只要一发功，稻草立刻变成利刃，穿过一棵直径一尺有余的大树，等他一收势，稻草两端忽然就垂下来。来往的人如果发现，就会充满好奇地围着大树上下左右地打量、猜想：“咦，稻草是怎么穿过大树的？”

好吧，马云是成功人士，他能够将自己的商业梦想付诸实践；他也可以为自己的武侠梦想找点乐子。所以，做梦是一种消遣，马云可以用商业技巧去实现自己部分的武侠梦。

英达在《甲方乙方》里玩了一场戏中戏，终于代表很多男人圆了变身巴顿的美梦；但是大部分男人，在没有世界杯的日子里，在NBA休赛的日子里，在柴米油盐之间，需要找个途径去释放过剩的荷尔蒙。

《激情燃烧的岁月》中，石光荣解甲归田后，仍旧保留着自己的地图室，似乎时刻准备着打一场重要的战役。当然，和平时期，娱乐时代，石光荣固然是落伍了，可是生活中的确有人难舍旧梦。

女人常做的事情，就是将男人从梦想世界活生生地拽回现实中来，因为摇摆在梦想和现实之间的男人，让女人感觉未来荆棘丛生。

有一个女朋友聊起自己的老公，存款达到200万元的时候，他就开始胡思乱想，工作不努力，也不喜欢锻炼身体，整日只知异想天开，甚至周末还要飞回老家去考察土地。

原来他的期盼是，拥有一个大大的庄园，庄园里养好多纯种马。所以他尽管坐在客厅，心却已经飞到他的那个理想庄园，那个理想庄园里的一切都和现实世界不一样，女人也一定不一样。

他说："老婆，你要优雅地生活在庄园里。"

说此话时，男人在看电视，女人在收拾桌子。

女人说："那么，到时候，你能帮我洗碗吗？"

男人说："到了那个时候，我就不用你洗碗了！"然后男人看看女人——"不过你现在就老成这样，到了那个时候，你怎么能看上去像个贵妇人呢？要不我花钱雇一个贵妇人吧？"

好在他们是一起生活了许久的夫妻，这是他们的私房话，女人从来都是姑妄听之，一笑置之。

当男人描述梦想以吸引女人，或者编织一个梦想让女人开心的时候，梦想其实是一个期货，而他手中的现金却未必充裕。

梦想需要行动，人生需要奋斗。现实太骨感，男人需要丰满的梦想来点缀人生。老男孩的主要表现为迷恋自己的鲁莽、幼稚、无知，希望全世界，包括身边的女人宽容地接纳他的一切不成熟和不负责任，还要打心眼里认为他是可爱多。听到老男孩各种各样的梦想，把它当作一句口头禅，一种对日复一日、枯燥贫乏生活的安慰。老男孩带着梦想活了一辈子，却从来没有认真地去尝试实现梦想……

请对你的选择负点责

既然你当初的选择是认真的，那么，你就不应该轻易对这个选择散失信心。你要知道，你的人生之中，没有一个选择是平白无故的，没有一个发生是没有意义的。

在你追求的路上，在你前进的路上，你总有时候会失去对未来的信心。你看不清远方的路，你看不到自己现在的努力到底能否有所收获，甚至，你会开始怀疑自己选择的方向是否正确。

在那样的一个时候，你多么希望上天能给你一些指引，哪怕是细微的提醒。然而，所有的一切照常进行，没有大救星出现，来解救你于迷茫之中。你多么希望，自己能如一个迷了路的孩子一样，遇到一个好心人，指引你找到路。

你的力量一点点消失，你的情绪越来越低落，你的内心越来越烦乱——我到底该怎么走？你问自己。可是，答案在哪里呢？甚至连你自己也没有回答。

有时候，你不知道自己该怎么办，像一个突然落水的人一样，四处乱抓，试图拼命抓到一点什么，以便获得支撑和力量。然而，你会发现，你越是四处乱抓，越是慌乱，越快耗尽自己的力量，以至于使即将到来的希望，无力把握。

事实上，你必须明白，力量不在外面，只在你内在。你必须静下来，向内寻找，方能获得指引。正如，有经验的历险者，都懂得，迷路的时候，最忌讳着急、慌乱。越是在无助的时候，越是要冷静、沉着。因为，只有冷静下来，静下来，你才能感觉到自己的心，才能收到内在的指引，你才能经由内心的指引，发现任何外界可能的希望和机会。也只有你的心静下来，你才能感觉到自己，了解自己，看清外界，看清真相。

面对问题，面对难题，你必须学会静下来。这能让你更智慧地看待问题，获得解决问题的力量和方法。

我们每个人，事实上，都是走在从黑暗通向光明的路上。因为没有人知道自己的路会是怎样；没有人知道自己会遇到什么、收获什么；没有人知道自己所走的路的尽头到底是什么；甚至没有人知道明天会怎样……前方、未来，一切都是似乎都是不确定的，然而，这就是真相。我们选择了一条路，就选择了一种不确定，而正是这种不确定，让我们有机会通过过程的努力，实现一个未知的、精彩的、激动人心、充满奇迹的自我。正如一句话所说，人生的意义是什么？就是通过我们几十年的努力，证明我们是一个怎样的人。

所以，当你不知道怎样走、怎样做的时候，不要着急，静下来，看看，在你的方向上、走的路上，离你最近的，能努力改善的事情是什么？那么，去用心做好它们。往往，很多的希望、指引、突破，就蕴于其中。

有的时候，细想，你会发现，人生真的有点像寻宝：首先，你选择一个方向——你要寻找什么；接着，你通过各种努力，找到一个地方，然而，却发现，它又指向另一个更神秘、难找的地方；你再努力、再寻找，找到这个地方，而它又指向下一个更离奇古怪的地方……一次又一次，经历无数风雨、历尽各种险阻，最终，有些人，找到了那份宝藏。

而最终成功找到宝藏的人，往往就是那些从未放弃，不怕困难，勇敢向前，百分百相信能找到宝藏的人。而这过程之中，有的人经历了一些困难就放弃了；有的人遇到一些困难，开始怀疑是否真的有这份宝藏，最终也放弃了；

有的人，是跟着别人来的，因为他们看别人去寻宝，他们觉得好玩，有趣，并想顺便幸运遇到点收获，于是，当很多人散去，少了热闹，他们也就放弃了；有些人，在这过程之中，遇到意外，牺牲了；而只有极少数的人最终，百折不挠，找到宝藏。

这就是人生历程，而你会选择做哪一种人呢？

人生是抽象的，生活是具体的，人生路如此，生活也是如此。你选择了一份婚姻，这条婚姻路，也一样充满不确定，你不应该一遇到问题，就怀疑你的选择是否正确，害怕问题出现。而是勇敢面对，通过一步步与爱人努力，解决问题，去实现属于你们的幸福婚姻、幸福家庭。所有的幸福，都是在通过解决一个个困难、问题，一砖一瓦建立起来的。

你选择了一个人，就要相信对方，你选择了一份婚姻，就要对这充满信心。无论遇到什么问题，你都要明白，问题是人制造的，那么，只要诚心用心，问题也一样可以得到解决。

既然你当初的选择是认真的，那么，你就不应该轻易对这个选择丧失信心。

亲爱的姑娘，你一定要有这些

曾经以为，一记耳光可以打醒所有人对于爱情的幻想，然后一个人在外无限风光。失恋的时候听一首情歌慢慢疗伤，将吧台的鸡尾酒调成五颜六色，一饮而尽。

别人说姑娘喝多了不好，出门左转就是宾馆，保不准床上的另一个是谁。醒来后揉着惺忪的睡眼，踏上八厘米的高跟，拔掉门卡就退房。那时候活得糊涂。

曾经以为，我懂天时地利人和，就算摸爬滚打也悉听尊便，后来在各种生活的调剂下变得困苦不堪，原本那个纯真的时代越来越远，最后身边除了卖命的勇气，就是自己的泪水。

有人劝说，姑娘别太拼命，虽然现在花枝招展，赚了很多青春钱，最后还不是随着你这个人一起嫁过去，最终变成了共同财产。我偏要笑着说，我可以存银行死期啊，大不了随银行一起倒闭。

[作为一个姑娘，需要一双奔跑的高跟鞋]

穿着八厘米的高跟鞋在户外行走超过十分钟，就代表你在拼命。

如今的年岁要在职场上学会迂回，在朋友圈里强颜欢笑，在家庭里和睦相处，在感情里学会坚强。作为姑娘，还要学会一条，那就是学会穿着高跟鞋奔跑。

上班的路上赶不上公交就去挤地铁，明明规整的职业装硬被人扯了两把，有时候高跟踩到别人的脚，还会低头连说几声对不起，除了暗自骂一声倒霉，别的也什么也没有。

作为一个姑娘，穿着高跟鞋优雅地走在马路上，钱包掉了也要优雅地捡起来。在公司里，高跟鞋与地面的“咯噔”声越动听，就代表越自信，走在公司的同事面前腿不要弯，他比你高没关系，我可以不看你，除非你弯下腰来和我平视。这是高跟鞋带来的自信。

作为一个姑娘，可以上下楼梯提着长裙，踩着高跟健步如飞，在假装摔倒的时候轻撩发丝，不仅惹人怜爱，而且挺美。

作为一个姑娘，看到喜欢的人就去追，不要等男神被周围的领走，还埋怨说，那个姑娘还没我个高，没我漂亮，没我骚。那当初为什么不敢勇敢地走向他，你有八厘米的高跟鞋，挽着他的胳膊同样很甜蜜，奔跑起来同样优雅。

[作为一个姑娘，需要一套精致的化妆品]

很喜欢这样一句话，“你又不是景泰蓝，不会随时间的沉淀而变得大放光彩，也不会随时间沉淀变得值钱。”

姑娘本来不喜欢装扮，从大学就这样，每天被舍友拉起来，随便洗漱一下就飞奔在教学楼，到了教室头发还是紧贴脑门的。

用的是最简单护肤霜，冬天的时候脸色就像红气球，和闺蜜走在一起总会被人当作女神和女汉子的对比。

有人劝姑娘买一套化妆品，从内到外，从BB霜到眼睫毛等等。可姑娘说，简直就是浪费时间，本来时间不够睡觉用，还要在脸上折腾半天，太阳出来油光满面，忒腻。

闺蜜为了配合早晨化好的妆容，置买了很多时尚的衣服。可姑娘还是不觉得有什么用，直到遇到了自己的男神，她看到男神身边的都是美女，身材高挑，眼睛很大，还有迷人的唇彩。而自己就像一个灰姑娘。

可姑娘还是觉得，男神就是用来仰望的，不必真的得到，所以她想，总有一位适合我的男神，不会嫌弃我皮肤粗糙，不会嫌弃我小腿和大腿一样粗。

姑娘大学毕业后，在工作单位遇到很多漂亮的姑娘，当年闺蜜和她们打得火热，经常腻在一起探讨护肤秘籍，或者有什么时尚尖货，周末会约好一起去逛街。

姑娘想融入她们的圈子，却怎么也找不到共同话题，每次站进来插不上两句话，就被莫名地淹没在尴尬中。后来姑娘就变成了一个人独来独往，一个人去逛街，一个人坐在电脑旁和陌生人搭讪，聊着不着边际的话题。

最后，姑娘一个人偷偷买了一套化妆品，包括眼睫毛，眉笔，口红，BB霜等等，晚上下班蹲在镜子旁仔细研究，刚开始总以为眉笔就是铅笔，眼睫毛是自己剪出来的，现在姑娘想起来十分搞笑。

然后睡觉前做二十组仰卧起坐，早晨7点起床在附近的公园里跑步，周末的时候报了一个初级瑜伽班，每天化一副美美的妆容，走在路上总有人和她对视，最后害羞转头的永远是对方。

和公司同事聊起各种时尚话题也滔滔不绝，其实在拼搏的路上朝九晚五，三餐并两餐，走路的时候打着电话吃早饭，虽然总觉得时间不够用，不过当你静下心来好好看待自己，其实你真的很美，只是自己不知道而已。

哪怕是简单地勾两笔眼线，客户看到你就会觉得姑娘挺美。所以作为一个姑娘，化的不是精致的妆，而是成功路上的石头。

[作为一个姑娘，需要一个爱你的男朋友]

最害怕的独处的时候胡思乱想，幻想他在的时候可以帮我捏捏肩膀，做做家务，将被单叠得井井有条，把地拖得干干净净，然后来一个大大的kiss。

之前看到过一些文章，说自己过得本来就很好，为什么需要一个男朋友，其实我想问，你想孤独终老吗？

你可以说我有朋友啊，我还有一群可爱的闺蜜啊，可是老了怎么办，将来走路都费劲，还想着和闺蜜一起逛街购物，一起旅游玩乐。最后一个人坐在院子里看风景凋零，看夕阳西下。如果一个人一辈子从未体验过爱情是什么滋味，不是大彻大悟，而是大彻大悲。

所以你高傲，你说我一个人很好，凭什么需要男朋友。

其实更深层的含义是，我承受得了背后的压力和各种吐槽，所以我要慢慢挑。

至于为什么要男朋友。这个很简单，爱情啊。喜欢他，想推倒，想和他体验有趣的事情，想和他出去看世界，想在所有地方穿着各种风情的内衣蒙着他的眼睛绑着他的双手让他高潮啊！

这世上当初在一起，后来分开的有很多，不能因为一个人下班寂寞，想找个人一起分摊房租，而找了一个名曰“男朋友”的男朋友，不管三观合不合，性格对不对，将来分开的时候一定会难过，又何必。

所在作为一个姑娘，在努力挤向美好未来的路上，一定需要一个爱你的男朋友，陪你一起躲风躲雨，起码他会在下雨的时候伸手为你挡住两个巴掌，在一步步变老的路上一起看风景凋零，一起看夕阳西下。

[作为一个姑娘，需要一个铿锵有力的梦想]

梦想有很多，如果罗列出来那就是大千世界。

而姑娘说，我想嫁一个好老公，嗯，挺实在。

可那并不是梦想，梦想是用来梦的，能鞭策你不断前行，能赐给你正能量的，而且和别人说起来自信满满，好像不久就要实现的样子，那才是梦想。

可是嫁给一个好老公只会让你颓废，你会觉得，反正现在事业不顺心，生活不努力，将来嫁个好老公就行了。所有的缺憾都能弥补，所有现在买不起的东西，将来都能买得起。

作为一个姑娘，你的梦想必须有力量，在众人面前说起来坚定不移，让人点头觉得，嗯，挺适合你。

阿C有一个梦想，她想环游世界。

听起来怎么样，好！其实背地里嘘声一片。

闺蜜说，这什么梦想啊，你以为环游世界就像打开一张地图一样简单，拿起笔在纸上写写画画就能实现？

阿C真的拿起了笔，在一平方米的世界地图上划了几个城市，纽约，旧金山，新西兰，大阪，香港，曼谷，威尼斯。

阿C说，路线已经有了，每个地方都有我想看的风景，每个地方都有我憧憬的信仰。

阿C指向旧金山，渔人码头，那里有美味的海鲜！

手指滑向新西兰，霍比特小镇，我总想看看《摩戒》的光环！

威尼斯水城，小学里就向往的城市……

阿C说起来总是没完没了，身边的人都知道那不可能实现，那时候阿C刚上刚刚高中毕业。

选专业的时候，她瞒着父母报了旅游专业，大学里，将图书馆所有旅游指南全部看完，参加了学校里的旅游社，经常随队员一起去各地走走。

后来大学毕业后，阿C在一家旅游团上班，刚开始做起了导游，不过都是附近的一些景点，最远的不过喜马拉雅山。

不过阿C从未放弃过当初的梦想。

公司后来开辟国际旅游路线，阿C首当其冲，自选第一个去开辟路线，一个人待了几天的口粮和换洗衣服就踏上了旅程。

当她第一次坐在渔人码头的海岸上，看着船来船往，她说，我爱死了这一刻。

后来阿C担任了公司的私人旅游顾问，经常去世界各地旅游，不仅免费，还有高额收入。

直到去年年底，阿C将当初在世界地图上标下的地方全部走完，她在朋友圈晒出了一份旅游合集，是她在世界各地合影的照片，她说，我爱死了这一刻！

后来，她又在地图上标了一些更美的地方，她说，这是我的梦想。

其实，梦想总会让人想起来虎躯一震，然后充满了正能量，不仅是自己，还能刺激别人。

作为一个姑娘，不要常常感叹女人活得好麻烦，每天提前一小时起床，用很多道工序洗漱，然后将头发梳理得一尘不染，搭配适合心情的衣服，最后化上美美的妆，还要踩着累人的高跟鞋，还要挤地铁坐公交，所有的一切一切，不是谁的要求，而是对自己负责。命运里将所有的美给你，所以要对得起美丽的自己。

在各种充满泥泞的路上奔跑，在各种美食和诱惑离脱颖而出，在各种感情和纷杂中抽出身来，抬头望望星空，回头瞧瞧来时的路，长吐一口气，将所有的埋怨随风飘走。尽管你来时汹涌波涛，不过在我眼里都静若浮萍。

勇敢去追，大胆去闯，你还年轻怕什么

这个温煦的春天，一封只有短短十个字的辞职信，却打动了无数人的心。那位河南女教师可能无论如何也不会想到，她的十个字“世界那么大，我想去看看”，仿佛是早春一缕杨柳风，将无数人麻木冰封的心之河，吹开了一个小小的坼裂。

是的，世界那么大，我想去看看。

十来年前，一位刚刚走出校门，参加工作仅仅半年多的女孩，面对日复一日感觉没有激情的工作，萌生了去意。

她对父亲说：“我想辞掉工作，去远方，去上海。”

当了几十年中学教师的父亲反对说：“你这可是铁饭碗，砸了就没有了。再说上海那么远，你一个人去举目无亲，怎么生活？”

妈妈更是反对，妈妈说一个女孩子当个教师稳稳当当，挺好。

她也知道挺好。

但那种完全可以预见的安稳，那种完全可以预见的未来，不是她内心想要的——过几年，嫁个人，一般就是同行，然后就是上课下课，时光流逝四十年，退休，老去。

十七岁就能预知七十岁的生活。这不是她内心想要的。

她想去远方。她想去上海。那是凝聚着她儿时大白兔奶糖的一个遥远的梦。

她给父亲写了封信，她说：“爸爸，您的担心我能理解，我心里很清楚我在做什么。我知道去上海，会有颠沛流离在等我，会有披星戴月在等我，也会有炎凉冷暖在等我，更知道会有命运未卜在等我。但我仍然选择去远方。”

“年轻人需要历练、需要摔打、需要闯荡，大不了闯个头破血流，那又怎样呢？青春没有体验过疼痛辛苦，就不能更好地体验快乐与收获。”

感谢她开明睿智的父亲，他终于同意了她的选择。

……

那个秋阳照耀的下午时分，一位尚显一脸稚气的女孩，手里提着一个简陋的小行李箱，从空气污浊的长途汽车上下来。经过十多个小时的颠簸，她稚气未脱的脸上有着疲惫、紧张和迷茫。

来到上海，才知道原来世上有这么多的摩天大楼。

女孩从长途汽车上下来之后，找了个汽车站旁的小旅馆安顿下来，就开始了艰难的找工作之路。

她去书报亭买了份《人才市场报》，才知道原来没有大学本科或以上文凭，在上海，几乎什么工作都找不到。

转眼十来天过去了，工作还没有一丝着落。寄出去的简历，一律泥牛入海，没有一丝丝回音。

冷暖炎凉，悉数心中。

一天，她在《人才市场报》上看到展览中心举行大型秋季人才交流会，她毫不犹豫直奔上海延安中路1000号的展览中心，一进人才交流市场，她被眼前的场景惊呆了

——数千平方米的展览大厅，人头乌泱乌泱的，她也挤了进去。

她看到旁边求职者制作精美的一大本简历，再看看自己只有一张A4纸的简历，再看看人家简历封面上什么复旦大学、交通大学、同济大学、南京大学、武汉大学……她想，完了，在这个地方，她一丝一毫竞争力也没有。

她觉得那场景就像看电视纪录片里非洲草原上角马群的涌动奔腾一样。那些刚走出校门的大学生们，已经卸下了天之骄子的光环，汗流浃背地挤来挤去，将自己包装精致得像企业竞标书一样的简历送到用人单位招聘者手中。

而招聘者简单地瞟一眼，就放在一边，说："我们研究一下，再通知你。"她揣度，那些精美如标书的简历大部分的命运大概都是按几角钱一斤的价钱给了废品收购站吧。

而她那只有一张A4纸的简历，就更不用提了。

她甚至开始有点隐隐后悔自己辞了老家工作。

然而开弓已无回头箭，既然选择了远方，这就是宿命，也是必然。她咬咬牙，又钻进人潮之中。看到稍微靠点边的职位，她把简历递上去，对方看了看说："你是学师范的？不对口啊。"

她不甘心，第二天又跑去人才交流会。

一家中新合资的文化公司招聘脚本文创人员，要求是具备较强文字创作功底，有童趣并且想象力丰富。最让她开心的是，没有"本科以上文凭"这几个冷冰冰拒人千里之外的字眼。工作人员大概都吃饭去了，她把公司地址抄了下来，决定主攻这家公司。

她从行李箱里拿出从前在学校发表的二十来篇文章的样报，除了师范和中学时发表的，甚至把小学作文选上的那几篇也放进去了。

二十来篇小文章，一篇篇看着不起眼，可一复印装订起来，还真像那么回事。她跑到邮局，用挂号信寄了出去。

回音比她料想得还快，一星期后她就接到了面试通知。

面试主要为笔试，笔试的时候，除了她，还有九个人。笔试后又进行了最后一次复试，她竟然被录取了！

后来她才知道，她竟然糊里糊涂地"打败"了好几个名牌大学的毕业生。

就这样，她开始了在上海的第一份工作。公司包一顿午餐，但不包住宿。她的钱已所剩无几，为了省点钱，她在离得很远的郊区租了一间小房子，上班要换三趟公交车。

每天晚上回到住处已经很晚了，她觉得在外面吃不但贵而且吃不到东西，她就买了个小煤油炉自己做点简单的晚饭吃。

夏天酷热的时候，下班路上买了点肉，晚上炒熟，想留着第二天再吃一顿，就把肉放在脸盆里用凉水漂着，第二天下班回来闻闻，肉坏了，不能吃了，只好倒掉了。

是有些辛苦。说不辛苦那是矫情。

……

那年，那位一脸稚气从长途汽车上下来的女孩，就是我。

就是此刻，在写字台旁，记录心灵的我。

如今的我，已在上海这个城市工作生活十余个春秋了。我喜欢她充满生命律动的节奏，我喜欢她蓬勃向上的朝气，每一天的黎明都充满了新的希望，每一天的日落都凝结着收获的喜悦。

我已经在这个城市拥有一个幸福的家，两个可爱的孩子，自己喜欢的工作，彼此真诚鼓励的朋友们，还有读书写作这个业余爱好，以及对于梦想的坚持与守望……这些，都让我的每一天充满喜悦、激情、热望。对生命、对生活，怀着满溢的感动与感恩。

那天看余华的《活着》，他说：“活着不是为了别的活着，是为了活着本身而活着，生命本身可以承载千钧一发的力量。”

而我想说，青春不是安逸的青春，是为了汗泪交流而青春，青春本身可以承载千钧一发的力量。

曾听一位我很敬仰的前辈说过，生活没有捷径，唯一的捷径，就是你踏踏实实，一步一个脚印地往前走。

我喜欢这句话。

我觉得这句话，可以让我们颠沛流离、前路未卜的青春，慢慢一步步走向成熟、走向笃定、走向稳健。

虽然说，不够悲伤，就无法飞翔；没有梦想，又何必远方。但那远方，总是有一团小小的萤火，在那里影影绰绰。那就去追吧，勇敢地去追。

因为青春本身，可以承载千钧一发的力量。因为，青春，以及远方，原本都属于汗泪交流。

若不思进取，拥有再大的野心也是枉然

最近流行这样一句话：“有一种落差是，你配不上自己的野心，也辜负了所受的苦难。”这里可以理解成客观上的怀才不遇，也可以解读为主观上的才疏学浅。

举个不太恰当的例子：你每天兢兢业业工作，不辞劳苦加班，希望得到老板赏识，升职加薪，但现实可能是你这样脚踏实地的付出并未如你所愿，输给了刚来三个月的隔壁小李。

你心怀鸿鹄之志，对一半理想一半现实的“妥协人生”势在必得，但往往心比天高命比纸薄，苦吃了不少，但野心慢慢淡化成了同类中的一声叹息。

野心本是一个中性词，但在现代社会中，被推崇成至高无上的人生准绳，成了成功的左膀右臂。你说一个人没野心，大凡等同于这个人不思进取、苟且偷生、毫无建树。

努力已经不足以佐证一个人的不平凡，因为当今社会上，努力的人太多了。环视四周，每个人都恨不得把一天活成48个小时，用焚膏继晷的方式去燃烧生命，有人为弥补逝去的青春遗憾，有人为提前满足一些欲望而透支生命。但尽管生命的引擎轰鸣不息，如同大街上拥挤的车流，每个人都在摇旗呐喊，你的努力弱小而无力，还来不及发声就被淹没在滚滚洪流中去了。

现在，努力成了时代的标配，一个人在卖弄他的努力，未免显得矫情而令人不屑。

而野心，恰恰是取代努力的最佳时代标签。野心，代表了一种在努力之上的上帝旨意。假若努力是浇在路上的汗水，那么野心就是星辰大海。

关于野心，百度上一位网友是这样描述的：

你面前是一栋一百层高的大楼，你是一只蚂蚁。如果你说："我要爬上第二层"，这是有上进心；如果你说："我要爬上第十层"，这是有理想；如果你说："老子就是要上到楼顶"，这就叫作野心。

无可厚非，野心具有一种引人向上的正能量，一些不可思议的梦想超越，其实也离不开野心的驱动。如果马斯克没有野心，SpaceX是不可能凭一己之力成功发射火箭，完成星际移民计划的第一步。如果马云没有野心，阿里巴巴是不可能成为史上最大的IPO公司的。如果华为没有野心，也就不可能代表民族企业走向世界，让苹果公司颤抖。可以这么说，但凡是那些拥有不可思议成就的人，大多数都胸怀一颗滚烫的野心。

但是不是每个人都要有野心？或者说，是不是每个人都适合拥有一颗"野心"？

野心跟人的性格有关。

有些人天生好静，淡泊明志，内敛儒雅，不屑于追名逐利，蝇营狗苟，显然，他们用自己的修为扑灭了那颗野心，向往一种"望庭前花开花落，看天上云卷云舒"的惬意生活。野心这东西，在他们的精神国度，实在难登大雅之堂。

就像周国平这样形容自己：

"我从来不觉得自己是一个成功人士。我自小比较自卑，没有出人头地的野心，今天所获得的这些外在的东西，所谓名声之类，完全超出了我的预期。如果这算是成功，那么，我能得到它们，也许正是因为我没有把它们太当一回事，至少没有当作自己的目标。"

野心跟一个人能驾驭的资源有关。

不能说出身卑微的穷人就不配争取优越的人生，也不能说拥有良好条件的富二代就一定不思进取。但正如“贫穷原罪”观点阐述的那样，人一出生就被划分成三六九等，在这个时间拼命枯竭的时代，穷人一直很努力去突破原生阶层，但富人们也没闲着。穷人们的悲哀在于，比你优秀的人还比你更努力、更拼命。而这个充满追逐的生命赛道上，并不是你努力去跑了就一定有好结果，赤脚的总比不上开车的。

在《我在底层的生活》一书中，美国专栏作家芭芭拉·艾伦瑞克在1998年，为了体验底层美国人民的生活，选择了六个地方，在不同的城市去打工。为了寻找底层贫穷的真相，作者隐藏自己的身份与地位，潜入美国的底层社会，去体验低薪阶层是如何挣扎求生的。最后她得出了一个残酷的结论：仅仅靠努力，穷人是很难改变命运的。

当穷人的思维都被今天的一张床和一顿饭的忧虑所占满时，根本无法思考长远。虽然他们也极度渴望改变，但是太难了，犹如看不到边际的远方。对于生活在底层的穷人来说，改变命运就像个笑话一样可笑。穷人也会努力也会坚持，但是手中却没有足以让他们改变和攀登的资本和人脉。就像你对着一个快要渴死的人说，坚持一下，前面就是绿洲了。可是你要知道他已经快要渴死了，他要的不是望梅止渴的目标，而是眼前的一口水，因为只有一口水能让他活下来，其他的他无暇顾及。

大多数穷人的“野心”，也许就是今晚能睡好一点，能吃饱一点。如果能有一份力所能及的持久性的工作，那简直要感谢上帝的仁慈眷顾。

“知人者智也，自知者明也”。能够真正做到了解自己，是世上第一难事。然而，很少有人会停下来问问自己，究竟适不适合成为一个有野心的人？

除了性格和物质层面的支撑，要成全一个人的“野心”往往也需要具备浩瀚的胸怀、坚韧的意志、超强的能力以及一定的天赋，注定要比常人忍受更多、付出更多。在所有这些都不具备的前提下，强迫用“野心”武装自己，强行扭转命运之舵，往往显得滑稽可笑。与其说是心有不甘的焦急跺脚，这更像是刚愎自用、自以为是的挣扎。但即使明知是不切实际的臆想，很多人还是很热衷这种“身残志坚”的悲壮，用止不住血的失败去成全自己的壮志未酬。

很多时候，“野心”是不自量力的狂妄。

当然，没有野心，也并不一定就意味着耽于安逸、不思进取，而是希望以一种更从容、更舒缓的节奏，来靠近自己平实的梦想。正如我之前说过的，从来没有人实现过不打折扣的理想，这种脚踏实地的努力，我们叫作追求。

人可以没有野心，但不能没有追求。这种追求，更容易靠近一个人力所能及的幸福，而不是虚无缥缈的野心。

H君是我人生第一份工作认识的同事，初中学历，负责工厂生产线机械的维修。后来辞职了，他跟我说想开个汽车维修店。他那时候月工资4000元不到，农村小伙，家境一般。而据我了解，开个汽修店，至少也要三十多万的投入。更重要的是，他懂机械维修，但对汽车一窍不通。这样的前提，让我对他的这个决定心生不屑。

后来见他，已经是五年后的事了。H君完全变了一个人，穿着休闲但得体的名牌T恤，开着宝马X6，脸上除了吃苦留下的岁月痕迹，更多的是那种人生得意的从容自信。他告诉我，自己当年花了一年攒下来的积蓄去系统地学习了汽车维修的知识和技能，后来把父亲山林种的树卖了，向亲戚借了些钱，勉强把店开起来了。当中吃了不少常人难以理解的苦，比如夏天贴着四十多摄氏度的地面钻进车底、手指被压断了半截等。但他有着简单淳朴的追求，那就是，在城市立足，让家人过上体面的生活。

从无牌经营的郊区小店，到如今大城市的五家分店，H君通过力所能及的努力，追求到了自己想要的人生。他说，他现在活得很踏实，事情都交给几个堂弟去打理了，自己有时间去读一些书，陪家人去游玩，过着优哉游哉的生活。

像H君这样默默努力默默追求的人，身边不在少数。他们不甘现状，但没有满身戾气地去埋怨社会、嫉妒别人，也没有自命不凡地做些不着边际的努力去扭转命运。他们，只是在力所能及的范围内，按照自己的方式，一步一步地靠近那个坚定而不虚妄的梦想。

平凡如你我，不必羞于承认自己没有“野心”，但不能放弃实实在在的追求。别把没有“野心”简单的误判成碌碌无为而妄自菲薄，认清自己，内心笃定，不远处肯定有个值得去追求的平凡。

抓住机会，不要轻易就放弃了

一直以来，我说得最多的词就是坚持，前天还写了文章告诉大家：坚持把一件事情做好做到极致，就会喜欢上它。

结果很多朋友留言。有人懊恼自己放弃了一份工作，有人在放弃与坚持之间摇摆，有人问我什么样的事情才值得坚持。

坚持确实是件很重要的事情，我说了很多次，这世上的大多数事情，都是唯坚持不破。

但有一个前提，就是这件事值得你坚持。

如果一件事情根本不值得坚持，那么坚持就是无用功，坚持就是浪费时间，坚持也不会有好结果。

那么，什么样的事情是值得坚持的？什么样的事情是不值得坚持的？你正在做的事情到底值不值得坚持呢?

有五个方法来检验，现在大家跟我一起逐条对照吧。

[1. 有没有机会学到宝贵技能]

有些事情，无论你在上面耗多久，可能都学不到什么技能。一年两年，十年八年，你还是那个样子，即使很努力，技能也不会有太大的提高。

比如有些简单的机械化的工作，有些低级的打杂性质的工作，除了让你耗费青春，耗费热情，根本没有机会学到什么宝贵的技能，坚持下去，除了拿一份薪水，还有什么意义呢?

何谓宝贵的技能?就是你能够看到这个职业的前景，只要你能驾驭这个工作，你就会越来越有价值，不会轻易被替代。

所有轻易就可以被替代的事情，都是不具备宝贵技能的。我们要避免在这样的事情上浪费时间，而是要去做能让自己不被替代的事情。

一个公司里，有些职位是容易被替代的，而有些职位是很宝贵上升空间很大的。我们做别的事情也一样，有些事情是在不断地消耗我们，而有些事情会让我们越来越好。

怎么选择，不言自明。

[2. 有没有和年龄成正比]

有些事情就是吃青春饭的，比如礼仪小姐，比如靠力气做的事情。

我们在这样的事情上坚持，结果会是什么呢?就是某一天我们年龄越来越大，会发现我们的生存环境也越来越差，甚至到后来不得不重新找别的事情做。

真正有益的事情，一定都是和年龄成正比的。即使青春不在，也不用担心被淘汰，甚至，年龄越大，反而自己越值钱。

不要觉得自己现在年轻，无所谓，只要事少钱多能轻松愉快地玩就行。早晚有一天你会老的，相信我，老来得很快。

如果你不想越过越凄惨，不想在青春逝去时狼狈不堪，那么，从现在开始，放弃那些除了消耗青春，再没有任何意义的事情。

青春是用来学习的，不是用来消耗的。

[3. 有没有人愿意埋单]

这个听上去有点复杂。

简单来说，不管你学什么技能，这项技能必须是有人愿意付费的。比如你学英语，你学写作，只要坚持学好了，就有人愿意花钱雇你，有人愿意花钱买你的文章。

有价值的事情别人才会付费啊。

如果你说，我想过自由自在的生活，我想出去旅行，我想蹦极，我想打游戏，我想打麻将，我想打牌。

我建议你先问问自己，你要做的这些事情，有没有人埋单？

如果有，那么你尽情地做下去吧，如果没有，就不要在上面耗费时间，顶多把它当作业余爱好好了，不要在上面花费太多的时间精力。

没有人愿意埋单的事情，首先说明它是无用的，其次说明它不会让你越来越好。这么没有价值的事情，为什么要一直坚持呢？

[4. 是否对健康有益]

健康是一切的基础。

但有些事情就是和健康对着干的，比如熬夜，比如吸烟，比如那些对健康有害的竞技或娱乐。

不要觉得你现在很健康，身体能折腾，放心吧，折腾不了多久的。如果你不信，可以到医院转一圈，看看被病痛折磨的人是多么惨不忍睹。

跑步，游泳之类的事情，或许没有什么价值，也不算宝贵技能，更没人愿意埋单。但是，它们对健康有益啊，所以你还是需要坚持不放弃。

规律作息，健康饮食等等，所有看起来似乎无用的事，只因为对健康有益，就值得我们坚持。

健康有了保障，我们才能去学技能，让自己越来越有价值啊。

[5. 有没有面对阻力的勇气]

我们不是孤立的，我们做任何事情都一定会遇到阻力。

有些阻力是来自家人的，有些阻力是来自陌生人的，还有些阻力是来自自己的。

比如有人写作就遭到了身边人的嘲笑，有人工作暂时比较累会被家人逼着换轻松的工作，有人不断地怀疑自己，觉得自己不是做某件事情的料。

这个过程中遇到的来自事情本身的阻力就更多了。

比如这件事情好难学，怎么做都做不好，比如学这件事要花好多钱，比如学的过程中状况不断。

每一个声音都在叫嚣着：放弃吧，你不行！

如果你没有面对阻力的勇气，如果你是玻璃心，听不得一句嘲笑的话，随便一个挫折都能打垮你。

那么，你还是早点放弃吧，坚持这两个字，跟你八字不合。

以上五点，如果你的答案都是肯定的，恭喜你，这件事值得你坚持，大胆地坚持下去吧。

卡尔·纽波特在《优秀到不能被忽视》一书中说：“困难会吓跑空想家和胆小鬼，但会留给我们这些人更多的机会。”

好好抓住这机会吧，祝你成功！

不要低估了梦想的力量

约三个月前，我被拉进了小学群。多年未见的小学同学一下子又聚在一起，开始延续那段最美好的时光。但集体“奔三”的我们，无论如何不敢再自称无忧无虑。

他们曾经是我最熟悉的一群人，如今，大家顺理成章从父辈手中接过了“普通”和“平凡”的标签，因袭传统，波澜不惊地生活着。从始至终，握在我们手中的，都不是一柄柄金灿灿的汤匙，而是一块块硬邦邦的咸鱼干。但就是这样一群人，我时常能从他们身上感受到一种叫作梦想的力量。

[1]

黄鹂小姐是这个群的发起人，也是群主。

现在，她是两个孩子的母亲，生活的重心在家庭和孩子之间周旋辗转。有次聊天，她说想要在市里买套房子，不想一辈子困在这个小县城的“城中村”。她一门心思望子成龙、望女成凤，想让两个孩子获得最好的教育，所以当这个宏大的目标出现在她平静的生活里时，我能明显感觉出她的兴奋和挣扎。最后，她跟我说：“最起码，心里得有个目标不是吗？哪怕够不到，也要踮起脚尖伸直手臂够一够。”

我和黄鹂小姐是发小，关系一向很好。大二寒假那年，我们几个在村边放孔明灯，点着后刚升起来不到十秒，灯就挂在树杈子上。几个人随后哈哈大笑。

现在想来，我们就像那只孔明灯一样，努力挣脱地心的引力，想要往更高更远的地方飞。但现实世界里，总会有这样那样的枝枝丫丫、磕磕绊绊挡在中间，让你不断受挫，不断跌倒，不断重新来过。

人和孔明灯不同的地方就在于：灯被点着了，破了一个窟窿就永远无法再飞起来。人不一样，只要你在一次次跌倒受挫之后能重新站起来，你就能不断获得更加强大的生命力量。

黄鹂小姐是个再平凡不过的女生，但她试过各种办法让自己的生活不沦为一潭死水。支撑她的，没有来自家庭的后盾，没有来自生活的惊喜，没有来自朋友的鼎力。她所能依靠和仰仗的，只有那一丝信念。她说，每一个根植于内心的梦想，都值得我们据理力争。

[2]

橡树先生是我的老大哥，也是我最要好的哥们儿。

当初我俩当着全班人打架，我还和另外一个同学把他摁在学校花池边上脱了他的裤子，坏小子们就这样稀里糊涂长大了。

中专毕业后，他做起了建筑装修。前两天，我看他发朋友圈，照片是一张大楼的骨架图，他配了一句话，“这架（子）搭得规矩。”他没有说，“买一套这房子该多好。”

有时候我在想，像橡树先生这样肯出力气、踏实能干的男人，每天上下班，偶尔和同学举个场子打打扑克喝点小酒，到县城里唱唱歌吃顿烤串儿，看到搭建得干净利落的工地忍不住发出一声感叹，同时爱自己的媳妇儿和孩子——这样的生活未尝不美好。

如果一个人看到一间房子、一辆车子、一件好看的衣服，就满脑子想的是不劳而获、占为己有——那这样的人生一定是非常无趣的。

橡树先生说，在家里盖一间平房要二十万元，像样点的就更贵。从买摩托，到装修新房，到结婚生子，再到每一件大家具的添置，以及最近在原来房子的基础上起的二层小楼，这些都是他梦想的一部分。就像当初他跟我说的那样："只要用劲儿干，别人有的咱都能有。"

他这种稳扎稳打步步为营的寻梦之路时常让人惊艳和感慨——并非所有的梦想都是用来让自己变得富有的，梦想是照进现实用来丰满生活的重要部分。有了梦想的平凡生活，就像有了阳光的森林，就像有了花朵的庭院，就像有了承诺的爱情，它或许只是多了一丁点的不同，却能扭转颓势，峰回路转。

[3]

树洞先生从上海回来以后，就一直在老家工作。

上周他在群里发照片，跟几个哥们儿在家里打牙祭，他酿了一坛蝎子酒，说可以治疗风湿。

我俩同岁，每次我问他为什么还不结婚的时候，他总是含糊其词跟我说："咱穷，谁会要啊。"

他绝不是一个破罐子破摔的人。为了给老爹治病，他前后花出去二十多万元，但我从未听见过他有一句抱怨。他常挂在嘴边的话是："哥，来家喝酒啊，菜都准备好了。"在他身上，你能看到生活热气腾腾的样子。

今年"双十一"大战，我们在群里嚷嚷，树洞先生却让我帮他打听北京一家快递公司招不招人。"不怕苦不怕累，现在的情况，得多赚一些钱。"

后来，我常常在想：树洞先生的梦想是什么？可能就是赚大钱吧，让家人健康，将来娶个媳妇儿，装修一下房子，然后本本分分过自己的生活。

其实，有许多梦想都不是为了让自己变得多么体面和富贵，但梦想的存在可以支撑我们在惨淡的时光中甘之如饴，为我们身边的人创造现世安稳和岁月静好。

[4]

白云小姐和柿子先生呢？两人双双外出打工，他们的梦想可能小到如果能在某个下雨天不用上工，躲在屋子里吃一顿火锅享受片刻的惬意就好了；

石榴先生呢，他在镇子旁边开了家理发店，他的梦想也许是周围十里八村的人都到他的理发店理发；

芋头先生呢，他和我一样是北漂一族。昨天，他说他和女朋友订婚了，他的梦想也许是在北京买一套小房子，当一个成功的创业者……

生活不会拖累每一个梦想。事实上，真正的梦想通常都是在无比艰辛和枯燥乏味的日常中完成的。

梦想也不会挑剔拥有者，不会因为你手里拿着的是咸鱼干而他手中握着的是金汤匙就上下其手。总有什么值得我们去改变和做得更好的，也总有什么能让我们心怀梦想负重前行……

一个真正热爱生活的人，绝不会一味抱怨而放弃美的愿景和梦想的召唤——从一根竹笋、一颗蚕蛹、一朵花苞开始，我们终将和梦想殊途同归。

我听说，山雨来时，大风满楼；我听说，彩虹之下，阡陌纵横；我听说，松涛絮语，千仞绝壁；我也听说，就算手握咸鱼，心中也要怀揣梦想。

打败自我，才能做最好的自己

佛曰：“人生最大敌人乃自己。”

在一生中，我们会遇到各种各样的敌人，各种各样的困难。然而，这些却都不是我们前进途中最大的敌人。人最大的敌人是自己，如果不能超越自我，那么根本不可能会全力以赴地去实现自己心中的梦想。处事犹豫不决，或过高估价自己，由此而自大；或过分崇拜他人，由此而自卑。能战胜自我者，会攻无不克，战无不胜。超越了自我，便能为人生重新打开新的一页。

古时，有一位一心向佛的和尚——明智。他为了能够获得正果，便整日住在深山中的一座庙里专心修行。

然而，令他想不通的是，不知为何，每次打坐之时，眼前都会出现一只乌鸦，在那里乱飞乱叫，跟他捣乱，使他静不下心来修行。

明智和尚因此心中十分苦恼，便向祖师请教解脱之法：“师父，每当我入定这时，就会有一只乌鸦来扰乱我，不管我怎样赶都赶不走它，请您为弟子指点迷津。”

祖师听罢，十分平静地说：“在下次入定之时，你可以这样做，拿一支笔，等到乌鸦出现的时候，在它的肚子上画一个圈，看看到底是什么怪物在阻挠你，我便可为你清除眼前的孽物。”

明智和尚听从了师父的引导，在入定之时，备了一支红笔，乌鸦一出现，他便飞快地在其身上画了个圈。乌鸦受了惊，仓皇地逃走了，明智和尚很快便安然入定。等他出定时，却发现自己的肚子上居然有一个大红圈！方恍然大悟，原来，阻挠自己的并不是什么怪物，而正是自己的心魔。

人们往往都喜欢时时勿忘我，而修行人最重要的就是要忘掉自己，因为一个“我”字，是带给自己、别人一切不幸和灾祸的根源，真正的苦行莫过于一颗平静而卓越的心。

从出生的那一刻起，我们就在一天天走向死亡。任何一项事业在达到顶峰之时，便会开始走下坡路。当你连连获胜的时候，等待着你的可能是挫折。当你陶醉于幸福之中的时候，等待着你的可能是不幸。老子说：“自知曰明，自胜曰强。”隋代思想家王通说：“自知者英，自胜者雄。”人类正是在不断地发现自己的弱点、缺点，从而不断地战胜自我、超越自我的过程中得以进步的。而一个人在为梦想拼搏的过程，必然要全力以赴，经历忘却自我、超越自我的过程。

超越自我，就是突破自我承受的极限。超越自我，一是要达到并超过极限，二是超越自我实现。自我超越是以理清对我们真心向往的事为起点，在使我们为自己的最高愿望而活着的同时，不断弄清与加深我们的个人远景，集中我们的力量，发展耐性，坚持、坚持、再坚持，通过激发保持“创造性张力”，克服“情绪性压力”，从而缩短远景和现实之间的距离，在客观看待现实的基础上，实现超越。

修炼并不是我们所认为的一般意义上的成长，而是一种有选择和有目的的生命体验，是在满足了其他需求之后的自我实现。对未来愿望的真心渴望是修炼的内在动力。“二十弱冠，三十而立，四十而不惑，五十而知天命”，每过十年，人就会迎来人生的一次巨变，这种变化既内在，又深刻，但也未必就是真正的自我实现，因此，也就不能称之为实现了自我的超越。

实现自我，是一种建立在理性基础上的梦想。因为人的需求是有层次的，从生理、安全、社交、尊重和自我实现，层层上升。没有其他需求做基础，就不可能有成功的自我实现，更不可能会有成功的自我超越。

在实现梦想的过程中，首先一定要从理想转变到理性，复原人性的本来面目。基于人性化的愿景，才具备坚实的力量源泉，失去人性化的目标，最终会使自己迷失方向，看不清眼前的各种矛盾和冲突，从而失去前进的力量。另外，要注重过程，因为生命的意义就在于体验生命的过程。古语说：“世事洞明皆学问，人情练达即文章。”不经历风雨，怎么见彩虹。作为个人，在人生的旅途中，得到的不仅是学问和文章，而是对世事万物和人情世故的感受，是对人生意义的丰富和提炼。有一种比喻，说人对外界事物的认识有三个阶段：第一阶段是看山是山，看水是水；第二阶段是看山不是山，看水不是水；第三阶段是看山还是山，看水还是水。同样是看，然而，各种的认识和感受却是截然不同的，因为在每个阶段都是在超越之后做出的一种新判断。

世界上最可怕的绊脚石、最大的敌人便是我们自己。从古至今，功名显赫的名人激起多少人的羡慕和钦佩，当这些人站在人们面前时，使人感到浑身上下都有一种人格魅力，可他们并非都是丰功伟绩的幸运儿。翻开他们每个人的经历，几乎都有过“丑小鸭”的坎坷经历。他们善于把自己的缺陷当作人格完善大厦的铺垫，从而铸就了不屈奋斗的个性。因此，只要敢于突破自己那颗脆弱的心，付诸行动，就能够超越自我。变成世界上最美丽、最具活力、最有价值的人，拥有非凡的人生！

佛曰：“超越自我，才能做最好的自己。”

人生如梦，是因为人生存在不可知的未来；说梦如人生，是因为有梦才存在生活的欲望。

我们每个人一生中最大的敌人就是自己。有很多人可能超越了别人，战胜了无数的对手，然而，最后还是败在了别人的手中。因此，想要达到某个目标之前，一定要先进行自我检查，看看自己是否被滞留在了通往梦想的某个过程之中。

“

你不是优秀的别人，但能做更好的自己

只要走得足够远，

再耀眼的光芒都将甩在你身后，

或许在别人眼里，

你留下的也是一个万丈光芒的背影。

你满身光芒，又何须去羡慕别人

生活中，我们总是因为看到别人太耀眼的光芒，而忘了自己身上的光亮，在怀疑犹豫中看不清自己曾经认定的前方。

就像会车时，对方开了远光灯，你顿时两眼一抹白，什么也看不清。可是过一会儿，你还是能看到前方的路。或者这个比喻不够恰当，但道理是相通的，当你看到别人锋芒毕露，闪闪发光时，不要妄自菲薄或盲目对比，也许你们走的压根就不是一个方向一条路。

在这种时候，你应该做的不是羡慕别人的闪耀，也不是独自黯然神伤，而是更加用力地看清自己的方向。

[1]

这两天陪朋友来杭州参加他同学的婚礼暨同学会。因为大学时候经常参加他们班的集体活动，很多人也都认识，也想趁端午假期去看看西湖美景。

同学聚会，一见面总还是要聊聊现在的近况：工作、房子、车子、女朋友、结婚、孩子……能聊的都逃不过这些。因为总不能老聊以前上学那会儿二逼犯傻的事吧。

强子是朋友在大学关系不错的哥们儿，毕业后进入同一家央企，一年后两人又同去北京总部轮岗，在北京轮岗的半年，强子抓住机会跳槽到一家金融公司做业务，从此留在北京。而我的朋友提前回来继续待在原公司。两年多过去了，强子现在年薪三十四万元，年终奖都是十几万元打底，年薪和我朋友上司的上司相当。强子正在相亲，想找个北京妞，打算在好点的地段买套60多平方米的房子。

和强子聊完，我朋友心中不淡定了，很郁闷，跟强子相比，工资都不再是一个量级了。觉得自己好穷，还完房贷车贷付完房租就只剩饿不死了。

我说，这么比有意义吗？一个在北京发展，一个在二线城市，本身工资水平就不同。当初强子选择留在北京的时候，你清楚地知道自己要回去走另一条路，现在你有房有车还马上有老婆（嗯，这人就是我），不是很幸福嘛。一切不都在按照自己的节奏进行着，为何要因他人发展得更好而郁闷呢?

你只看到别人年薪二三十万元，但你知道别人为此付出过多少辛劳？何况每个人的特质不同，适合的方向和抓得住的机遇也不同。强子上大学那会儿就表现出很强的沟通能力，很会人际交往，喜欢涉猎各类文史科普，所以跟任何人都能聊得来。他能去金融行业做业务，跟这些特质和积累不无关系。而我的这位朋友，并不适合做业务。

所以，当看到别人比自己取得更大成功的时候，你难免会受刺激，但不是羡慕他人、菲薄自己的刺激，而是从中获得启发和鼓舞，更加努力地走好自己的路。要知道，那是你的人生，别人的路再好也未必是你要走的。

[2]

我有个朋友，在一家小有名气的摄影机构做首席摄影师。前段时间无意间看到了一篇关于高中前女友的专访。曾经被分手的一个平凡女生，现在已经成为3个月创造100多万元销售额的90后创业女神，并在很多场合出席演讲，她的服装工作室越做越好，加盟店也在全国各地开花。

为此，我这个朋友心情很低落。想到当初分手的时候，自己踌躇满志，对方苦苦挽留……现如今对方已经取得如此成就，而自己却还是一个小小摄影师。虽然有过无数次创业的想法，却始终未能变成行动。他问我，我是不是也应该出来开个摄影工作室？

我没有回答他，因为这是他自己的事，想要的答案，他应该比谁都清楚。但我送了他那句话，是继续做摄影师，还是创业开工作室，你要问的不是我，而是你自己的心。无论你得出怎样的答案，只要不是因为他人的成功和光芒刺痛了自己而非要怎样，都好。

没有谁的人生可以复制，也没有谁的人生只有一个版本。你从别人身上看到了无限可能，你有理由相信自己也无限可能，但未必是和别人一样的可能。找到属于自己的可能才是一切可能的开始。

[3]

如果说上面两个故事多少带点负能量，那我表弟的故事就在悲壮中迸发出正能量。

先看看他这一路的坎坷：因为选择了读研，很爱的女朋友不愿意等，和他分了手。结果他考研失败，又错过了求职黄金期，找了个普通工作。空窗了两年终于谈了个聊得来的女朋友，但因为在S城没法全款买房（房价太高，不想让父母负担太重），分手了。而在此之前，他也因为公司内部变革，把工作辞了。

现在，表弟离开了S城，回了老家，听从家人的安排在当地一家不错的企业上班，一切从头开始。而他从小玩到大，同年毕业的哥们儿已经在S城有房有车有女友有存款了。但表弟说，他不后悔，反而更加坚定了接下来要走的路。

我相信，表弟肯定也因为和哥们儿的巨大差距而失落过，甚至觉得没面子。但在面对各种不顺时，他都能做出自己内心的选择，并坚强踏实地走下去，这点我认为就很了不起。

每个人的人生都有自己的意义。看起来表弟好比他哥们儿落后了很多，现在什么都没有，还要重头开始。但你能说他考研的经历，恋爱的经历，工作的经历都是浪费吗？表弟家境殷实，一开始不愿意接受家里的安排和帮助，执意要靠自己在S城立足，最后虽然结局并不如意，但至少他去试了，如果重来一次，他还是会选择这样走。

人生的路，没有白走的。走之前，谁也不知道对错，也根本没有对错，要不要掉头或转弯，要走下去才知道啊。

[4]

生活中我们难免会有这样的心理，看到别人在社交平台上的状态更新，越美好心里就越不平静。太过关注别人的动态，会打乱自己的步调，有时被外界刺激，一晚上内心不说是翻江倒海，至少也是微澜频起。我总安慰自己“不以物喜，不以己悲”，要坚守你的心。

你的人生不是为了衬托别人的闪耀，你的努力也不是为了遮盖别人的光芒。

要知道，你总有自己的生活，跑到别人的轨道上的火车，永远到不了你想去的目的地。

你要相信，每个人的人生都无法复制，别人的光芒既照不亮你的前方，也抹不掉你身上的光。别人的人生能给你的只有启发和思考，你需要的不是效仿，而是更用力地看清自己的前方。

只要坚持往前走，别人的光芒终究只是你路上的风景与背景。只要走得足够远，再耀眼的光芒都将甩在你身后，或许在别人眼里，你留下的也是一个万丈光芒的背影。但你知道，那又如何？

前提是，你得能听到自己内心的声音，深知自己想要的。

所有的坚持都只为了成为更好的自己

前段时间，我很欣赏的歌手在唱歌比赛中唱了我喜欢的一首歌，《灯塔》。唱之前她说了几句话。她说那几句话时呼之欲出的一腔坦诚，我一听就知道了，知道她在这几年里经受了比常人更多的苦难。这是她的选择，也是她的宿命。她说她年少轻狂时经常说，别人能不能听懂她的歌，无所谓，因为她要做她自己。

“做自己”实在是人世间太常见、也太艰辛的三个字了，真正做过自己的人都明白。他们都曾在年少时的某个平凡夜晚郑重许出过这三个字，那时他们并不知晓，许出的是命途里本应平坦安宁的很多年，即将接踵而至的、无因的万千苦难，已经悄然等候在次日清晨睁眼的那一刻。

对于这一点，我实在也算是有发言权的了。虽然我并未对自己许下过如是的诺言，也的确不认为做自己就有多么独特和光辉，但我却清楚地知道，无论我情愿与否，做自己这三个字都无可奈何地刻在了我的骨子里。这些是我于多年前，从一位前辈看我的眼神里发现的。

我上大学时曾选修过古典文学鉴赏。至于一个在工科大学修工科专业的工科生为什么会选修这个，初衷我已经记不得了，当然也记不得在这门课程上学到了什么，但我仍记得授课的女教师对我说的那句话。

这位女教师曾是清华数学系本科毕业的一位女大学生，工作两年后考了北大文学系的研，毕业后就到我们大学文学院工作了。她是被骗来的，是被我们这所工科院校扬言要向综合型大学发展时画的大饼骗来的。从她过去的经历以及私下里的几次交谈来看，她是一位做过自己的人。在我退学前和她进行的最后一次聊天中，她用一种怜悯的、慈爱的、出院的人对仍未康复的病友才会用的眼神看着我，说：你要做好心理准备，你以后一定会活得很苦。

女教师预测对了，退学后的这几年，我的确过得异常苦。可话说回来，谁又不苦呢？苦实在是世上最没法儿喊委屈的事，就如同在喊我为什么是人一般不可理喻。

我的朋友光光给我的形容是驴。他说我给他的感觉就一个字，倔。可以拐弯的地方非要直着走，可以妥协的地方非要反着来，就那么赤裸裸、光明明地在这片被人情世故笼络住的大地上我行我素着。

其实光光形容得再准确不过了，我确实像驴。但他解释错了，他啊，是故意错的，给我留了个面子，也给所有愿意做自己的人留了个面子。

其实做自己的人哪里是不愿拐弯呢，明明就是不会拐弯啊。哪里是不愿妥协呢，明明就是不会妥协啊。这绝不是一种变相的自我夸耀，不是一边拍着胸脯说爷不会，一边对语气里的桀骜不驯深感自豪，一边感慨世态炎凉，一边对自己的不识时务孤芳自赏，就是字面上的“不会”，是一种能力上的缺失——做自己的人，明明就是除了做自己，再不会别的了。

做自己，从来都不是一种选择，而是一种宿命。

后来，我的眼睛里也会出现那种带有怜悯和慈爱意味的眼神，尤其是读完一些粉丝发来的私信之后。我仍记得某位粉丝讲述完做自己带给她的遍体鳞伤的际遇之后，说的那句让我至今想起仍会眼眶发红的话。她说：无论如何，我不后悔，我一定要明明白白活我这一生。我一定要，明明白白，活我这一生。

我知道，我为这位粉丝心疼，何尝不是在心疼当年的我自己。就像那位女教师，她怜悯我，何尝不是在怜悯当年的她。

前两年我特别喜欢GALA的那首《追梦赤子心》。有一句歌词，每每听到都会让我热泪盈眶：“命运无法让我们跪地求饶，就算鲜血洒满了怀抱。”这样的歌词和句子还有很多，总结下来其实都是一句话：我不改，反正我不改。有一种即使知道结局是沉溺也要下潜，即使知道结局是殆尽也要燃烧，一边不断遭受着命运不知疲倦地玩弄，一边不变初心地痛哭流涕着说我不后悔的，伪装成潇洒的狼狈劲儿。

其实，做人哪有不后悔的。

不后悔这仨字儿啊，太费尊严了。不外乎是说给自己听的慰藉：给昨日的自己挽挽尊，给明日的自己壮壮行。人活于世，一天比一天明了通透，怎能不嫌弃年少懵懂。若真能不后悔，不是原就没走心，就是傻到忘了疼。

做自己的，就更不敢说后悔了，活得本就是一口与命运抗衡的劲儿，一旦后悔，就直接否定了自己的本。但，当终有一天，当意识到“明明白白地活”并不能让生命高贵多少、广阔多少的时候，意识到与其纵情燃烧不如苟延残喘的时候，意识到度过这一生的最佳方式竟是难得糊涂的时候，意识到自己给自己的命途带来的多舛，让自己失去了原有的一切的时候，总会在多年后的又一个平凡夜晚，对当初许下做自己的同一片夜空，流露出后悔的神色，对吧？

唉，可惜的是，不对。

做自己的人是不会后悔的。做自己的人，虽然常常会在夜深人静时嘲笑自己的一意孤行，但却会在每一个清晨睁眼的那一刻，再一次下定决心，重新踏上做自己的那条道路。因为他们坚信，在那条道路的终点，有一道能让他们彻底推翻众人的，能为自己正名的光。

那位做自己的歌手在翻唱《灯塔》之前，还说了另外一句话。她说她现在真真切切地认为，再怎么样去孤芳自赏，她也是孤单的，她想与人接近，她想她的音乐与人接近。我一开始以为她说的是冠冕堂皇的客套话，毕竟做自己的人是不会轻易妥协的。直到《灯塔》的伴奏一起，她一开嗓，我才明白，原来她说的是真的，她已经在属于她的那条做自己的道路上，走完了全程——当她唱到“突然领悟，铭心刻骨，勇敢地放声痛哭”时，她双眼含泪，不断点头，像是赎罪一般，紧紧按住了胸口。

那是她在为终于走到了做自己的终点，喜极而泣的样子。

而她等来的，并不是那一道光。

朴树在沉寂了将近十年后，带着《平凡之路》重新出道了。他被记者问过这样一个问题：“作家弗朗索瓦兹·萨冈在其作品《肩后》中曾说，精神健康状况欠佳，都是野心造成的，你认同这个说法吗？”这个问题尖锐得吓了我一跳，但朴树的回答更是坦诚得吓了我一跳。朴树说他非常认同，他说文艺是个化合产物，里面有特美好的感情，也有欲望和名利心。

我当然知道，他就只能说到这里，点到为止了。

我斗胆替他说下去吧。

做自己的人，也是一样。做自己从来都不是一件纯粹的事情。除了欲望和名利心，做自己的人还需要在做自己时，让世人都能够倾听和认同他们心中的自己。做自己，从来都是一道独裁般的野心，一道既要随心所欲地活着和表达自我，又要世人为其所表达的自我摇旗呐喊的野心。

这道野心因为将自己放大了无数倍而愈加不切实际，而这份不切实际所导致的命中注定的挫败，所产生的愤怒和迷茫，就是做自己的人，为宿命带来的第一个苦难。那位翻唱《灯塔》的歌手一定也经历过这种苦难。我虽然不知道她这八年中到底发生过什么，但我知道愤怒和迷茫对她来说是如影随形的，而这种愤怒和迷茫的终点，就是她对自我的怀疑和否定，而这就是做自己的人，为宿命带来的第二个苦难。她说她有段时间为了让更多人认同，为了拥有更多的歌迷和粉丝，做出过妥协，她嘲笑过去说的那句“你们爱听什么，我就唱什么呗”，语气里充满了对当年的不满与不屑，因为她自始至终都没有真正妥协过。这就做自己的人，为宿命带来的第三个苦难。一种伪装成妥协的，消极抵抗。

这就是那条做自己的道路的尽头。等候在终点的，并不是那一道能让他们彻底推翻众人的、能为自己正名的光，而是一直支撑他们做自己的，那个早已被他们自己神话了的，自己的死。

这就是做自己的全部答案。这是每一个做自己的人都无法选择和避免的宿命，一段必经消亡和复生的，重新认识真的自己的宿命。而那位翻唱《灯塔》的歌手在唱台上双目含泪的样子，也并不是在惦念那个死去的自己，那是在为她“自己”的死，庆贺的样子。

因为在那之后，留下的，才是真正的纯粹的自己，一个洗尽铅华，返璞归真的自己。

人生最大的乐趣是做真正的自己

[1]

韩寒导了部电影，《后会无期》。

影片中有个女孩，叫苏米。

苏米善良又聪明、是个温柔型女孩。

但不幸的是，苏米这么温婉的女孩，却被一个高度疑似犯罪团伙的人控制着，这伙人利用她来设仙人套，坑害别人，当然也严重地伤害了苏米本人。

于是在影片中，苏米就有了她的一句经典台词：

从小到大听了很多大道理，可依旧过不好我的生活。

这句台词一出来，就立即火了。

许多人感觉到这句话，深刻地折射出自己的内心。

为什么呢，知道那么多道理，还过不好自己的人生？

这到底是为什么呢？

[2]

先来看个公式：

$E=mc^2$

这个公式，很少有不知道的。

爱因斯坦质能方程。

原子弹这类大杀器，就因为有这么个公式，所以才会制造出来。

无人不知，无人不晓，知名度爆表的一个公式。

——除此之外，我们还知道些什么呢？

我们都知道爱因斯坦质能方程，可是国家高科技人才那么稀缺，怎么没听说让咱们过去帮衬一下？

这道理，我们都明白——我们就是看到书本上有这么个公式，可前因后果由来原理，大家却是一脸懵懂。所以从不敢声称自己是核物理专家，不敢抱怨国家不请咱去原子物理实验室嗨皮。

——从没有谁这样说过：我们知道那么多的数学公式、物理公式、化学方程式，为什么仍成不了数学家或物理学家、化学家？

为什么？

[3]

每年，有许多孩子高考落榜。

可是他们之中，没有一个这样说：我知道所有的中学数学公式，为什么却做不好数学题？

——大家不这样说，是因为心里清楚，瞄一眼公式，距离掌握做题的方法，还有千里之遥。如果有谁认为，自己瞄了一眼数学公式，就与数学家等量齐观了，就连他自己，都会认为自己脑壳进水。

你看，这事就是这么有意思。再笨的人，也知道数学公式是精简的数学原理，但却似乎不明白，人世间的道理，无一不是从现实中抽象出来的人生公式。

重复一遍，人世间的道理，无一不是从现实中抽象出来的人生公式。莫不是听着简单，看着明白，但繁杂之极，于现实生活中的应用，远比解开道抽象的数学题更难。

[4]

哪怕再牛气的学霸，也知道自己距离数学家、物理学家、化学家，还有天壤之差。

但，仅凭听人说起几个人生的道理公式，居然就认为自己是人生大师，为自己过不好一生而困惑诧异，这岂不是怪异之极?

[5]

有所中学，临近高考前夕，为了鼓舞士气，请来了当地的高考状元，给大家传经送宝。

状元说：去年高考前，我，每天，只做一道数学题。

哇，同学们惊呆了。

老师也激动起来，急忙上前，大声地说道：同学们，注意听，你们的春天来了。

就听状元续道：后来，我妈妈，狠狠地揍了我一顿，逼我每天做一百道数学题……

唉，同学们顿时歇菜。

不说少数极聪明颖悟的孩子，对于资质平常的孩子来说，高考这种事，比拼的就是娴熟程度。尤其是数学，那更是一把鼻涕一把泪，一分汗水一分收获，在整个数学思想于孩子的脑子里自成体系之前，几乎每所学校，都走的是题海战术。这战术虽然蠢笨，但总归聊胜于无。

——从未有人问过，你数学公式记得娴熟，为何却仍做不好数学题？

大多数公式或是方程式，简捷而优美，但其中的数学原理，却是深奥而繁复。

这是常识。

重复一遍，这是常识。

重要的话说三遍——这是常识！

但常识问题，放到人生上，原本挺明白的人们，就糊涂了。

[6]

孔子门下，最优秀的弟子，大概算是子贡。

子贡，全名叫端木赐，是春秋四大土豪之一，长袖善舞，巧舌善贾。所到之处，一张伶牙俐齿，能说到顽石点头，江河倒转。无论是国君、大夫还是臣民，莫不是望他的唇舌而膜拜。

没这本事，也不敢说自己是圣人门下第一弟子。

孔子周游列国时，走累了停下来休息，放开拉车的马，让马儿自己吃草。可那马儿低头啃着啃着，啃到了农夫的田地里，把农夫的庄稼给啃了。农夫大怒，就扣留了孔子的马。

见此情景，子贡大喜，终于轮到了咱露一手了，就摇摇摆摆过去，把孔子日常的教导，什么诗啊书啊经啊，硕鼠硕鼠，在河之洲，窈窕淑女，桃之夭夭什么的，一股脑地抛了出来。听得那农夫直翻白眼，吼一声：滚，少在老子面前说鸟语，回家让你妈给你洗洗嘴，学会说人话再出来混！

一张利齿倾天下，舌辩才华动公卿的子贡，就这样碰了一鼻头灰，茫然失措地回来。

孔子见状，哈哈大笑，说：孔贡呀，用老师教给你的诗经，跟一个农夫说话，这就好比对着山禽吹奏交响乐，请走兽来吃麻辣烫，你有多缺心眼？

让马夫过去一趟，子贡你跟在后面学着点。

于是孔子的马夫过去，一见农夫，上前大大咧咧地吼道：咋地啦，马吃了你的庄稼？这还叫个事儿吗？马是牲口，见庄稼不啃几口还算什么牲口？你跟个牲口较劲，这有意思吗？

农夫听了，哈哈一笑，说：你说得好有道理，我竟无辞以对。那你就把马牵回去吧。

这件事，让子贡很受伤。

——但是他从未说过，我懂这么多道理，舌辩天下无双，却要不回来一匹马。

——相反，通过这件事，他又学到了一个更朴素的道理，进山问樵子，入水问渔夫。到什么山唱什么歌，见什么人，你得说什么话。

人世间的道理，也和数学公式一样。能应用，会解题，才算是真的掌握——已经说过不止一遍了，学数学时，大家脑子都是明白的。等回到现实中来，就又糊涂了。居然以为耳闻过一个或几个道理，就能够通杀人生，这要什么样的脑子，才会有这种离奇想法？

[7]

子曾经说过：学而时习之，不亦乐乎。

这句话人人都知道。

可这句话到底是什么意思？

——真正能说清楚的，百不及一。

许多人一生听说过许多道理，就如同一个学生，课堂上见多了公式，但这句话，才是最重要的公式，最重要的道理。

[8]

阳明先生说：知行合一。

知，不是你听人说起过就是知，你听人说起的数学公式、物理公式和化学方程式多了，你知道是怎么回事吗？只是听说不行，必须要明了其中的原理。必须要能够娴熟地应用。

行，就是孔子说的“学而时习之”的习，就是实践。

学习，学习，是边学边习，边学边实践的意思。

按照这个学习的标准定义，这世界之上，诸多手拿书本之人，有几人是真正在学习？

——你听人说起过那么多的道理，但你不过是课堂上走神溜号的学渣。无论这些道理多有价值，也和你的人生没有关系。

——你过不好自己的人生，那是你没有实践！

只有学而没有习，只有知而没有行，只听人说道理却没有丝毫的实践，这就如同在数学课上，两眼直瞪瞪盯着公式却不肯做题，这样的人生，你凭什么交出好的答卷？又凭什么想要高分？

[9]

只有学是不够的，还必须要知行合一，还必须要在生活中践行。只有做到这一点，这些道理，才算是你的，才能够帮助你的人生。

没有实践过的道理，都是人家的，跟你本无关系。就好比学渣在一边看学霸做再多的习题，自己的成绩也不会提升一分。许多人在课堂上是学霸，出了课堂进人生，却莫名其妙地混成了学渣。

《后会无期》影片中，温婉的苏米也渴望着摆脱犯罪团伙控制，但她下不了决心，那些人已经构成了她的人生，尽管这样的人生是个错误，是个悲剧，但她仍然难以下决断。

苏米，就这样沦为人生的学渣，与拯救她的力量凶猛的对抗，却在蹂躏她的势力面前，像小绵羊一样的乖巧顺服。

——正如许多人的人生，他们明明知道自己并没有践行真正有价值的道理，但却欺骗自己，硬说自己懂得了道理。目的只是为了堵住别人的嘴，不想从沉沦的恶习中挣脱出来。

这又是什么原因呢？

[10]

有部美国大片，《盗梦空间》。

影片实际上是一个梦境。主人公柯布，泥陷在一个物理法则与心理逻辑与现实完全一致的梦境之中。他在梦中是一个盗梦者，组织团队潜入别人的梦中，盗走别人的梦。

柯布的妻子召唤他醒来，可是他坚决拒绝。

他坚信，他所在的梦境，就是真正的现实。

在主人公以为是现实的梦境中，柯布接受了一个奇特的任务，潜入一家实业集团首脑的梦境中，给对方植入一个观念，让他自行摧毁自己的商业帝国。这个观念，还必须是建设性的，以免对方察觉对抗。

梦境中，柯布率团队潜入到对手潜意识的四重梦境之中，引导着对手打开一只保险箱，取出对手孩提时玩的一只纸风车。

对手顿时泪流满面。

他要自己的人生，要尽情地去嗨去玩去快乐，他才不要什么狗屁商业帝国，让商业帝国去死吧，他只要做回真正的自己。

做真正的自己！

这有错吗？

但只有看电影的观众，才知道他所谓的真正自己，不过是被侵入者恶意移植的一个念想。他的真实心愿是什么，不得而知，但我们都知道。如果他沿循着这个念想前行，就会异常的固执而倔强，而他当达到这个目标，又会陷入空茫迷惘状态之中。因为这根本不是他的真实意愿。他只是被外来的念想操纵，迷失了自己而已。

所有被移植入这种奇异念想的人，就会如影片中的主人公柯布一样，顽固倔强地追求一个不切实际的幻影，陷入悲哀而绝望的人生之中。

——许多人也是这样，当他们拒绝实践自身有价值的道理，口不由心地说道理我全都知道时，他们已经迷失了。

[11]

人虽然不是万物之灵。但，每个人来到这世界上，都是独一无二，都是有着其独特价值的。

这价值是什么？

取决于每个人的奋斗与寻找。

人生的价值，取决于你有价值的生命实践，取决于你有意义的生活。

但许多人，却活在一种悲凉的无意义状态之中。

这种价值的丧失，就是人生的迷误。

[12]

衡量一个人是否迷误，原则很简单，就看他是否认同自己的人生价值。

如果，他选择了无价值的人生，却固执地说什么道理我全懂，我们就知道，这个人已经失去了他自己。

明明没有实践的道理，却胡说自己懂，这只是随意找个借口罢了。

迷误的人生，必然是没有目标、没有进取心、没有动力而没有乐趣的。

必然的人生，实在是生之无味。

生之无味倒也罢了，关键是痛苦，总是感受到压力重重，试想你在过着不属于自己的人生，不在自己应该在的位置上，岂会没有压力？

乐趣的人生，必定是真正为自己而活，是真正的学而时习，是必然的知行合一。这类人会永远充满好奇心、求知心。他们知道，没有被实践的道理，是没有价值的，而人生的乐趣，就在于生活中践行那些能够带来无限动感，让你的人生时时散发出光与热的简单道理。

就是做个人生的学霸，娴熟地练习你人生的课题。

这个过程，从承认你不懂开始。

去做你想做的才会到达你想达到的

[1]

五月，我见了一位慕名已久的老师。那天的广州，空气潮热。我走进咖啡厅，坐定，他朝我微笑。片刻的恍惚，差点让我忘了这是场约定已久、远赴而来的面试。

立于身侧的灯下，我们相视。灯光澄黄，爬过他的脸，一边明亮，一边隐匿于黑暗。他的眼神，如夜空中的星辰，静静闪烁，谈话间，又忽明忽暗。

这是一双灼人的双眼，我定定望住，认真倾听。以至于谈话内容忘掉了大半，却唯独记住了：一个人一辈子能把一件事情做好，就堪称完美。寻找你内心想要的方向，而后，才是在这条路上遵循方法，义无反顾，做到尖深。

“真正重要的从来不只是努力。”语毕，窗外骤然下起瓢泼大雨，行走的路人猝不及防地撑开店门，风铃清澈。他喝了口柠檬水，转而望向湿漉漉的路面。

别过之后，我忆起，曾与一位85后的作家交谈。她说写作许久，人生如浮萍，断断续续。那时我稚嫩地问，如何能十年如一日地坚持，她只是告诉我：一事精致，便已动人。从一而终，就是深邃。

那一刻，我怔住。末了，她说：如果你挚爱写作，就去做。我恍然大悟，重要的不是多而杂，而是有一样能拿出手。

[2]

六年前，第一次去广州，遇见了安妮。这个棕褐色短发齐耳的女生，穿随性而明丽的T-shirt，眉眼之下的小雀斑就像一个个跳跃的精灵。那时，我被她作画的专注打动，强烈的好奇心推挤着我拥到她的身旁，我好怕打扰到这样静默的她。

“Take it easy.”她终于还是发现了我，腾出板凳的一角，让我落座。我看到她在保留漏光叶片的完整上，格外小心地把它们重新绘成奇特卡片。她用不流利的中文告诉我，“落红不是无情物”。我感慨于这精致的脆弱，仿佛是另一种生命的延续。

让我惊喜的还有，两年来她把作品放上社交网络，引来无数志同道合的朋友，目前工作室的筹备也已到落地阶段。

我想起上个月，踱步到美术馆，看一场展览。我以一份崇敬，注视展出的经书。中厅开始播放视频，我看见他们用最古老的方式，重复影印。一旁的批注，赫然印上：“我从未觉得这是件无意义的事，因为它已融入我的生命，成为毕生信仰，我将从一而终。”

那是来自信奉者的自白。并不是所有人都能把理想置于生活的废墟之上，可还是有人不愿游戏人间，专于一事，带着信仰，传承下去。

[3]

今年，在接触时间管理的过程中，我认识了柳比歇夫。这位著名的昆虫学家用一生研究蠕虫的构造，以至于世人惊叹：蠕虫那么长，人生可是那么短。

此外，他醉心独创并56年如一日坚持对个人时间定量管理的统计与分析，也给后世留下了无法估量的财富。

时光如白马，稍纵即逝。术业有专攻，一生做好一件事真的很重要。

这让我回忆起，数月前在书里看过的故事。Krist是一位荷兰陶土设计师，一次偶然，她发现平日里完全忽略的泥土的本色，此后开始独立创作优质陶器，并建立一整套颜色与记录系统，那是接近500余种的泥土色系编号。

当我翻开扉页，无数颜色各异、深深浅浅排列的泥土标本整齐地映入眼帘，才真正明白那一句“一事精致，便已动人”。

［4］

你为什么成不了气候？我的一位读者给我来信，说她努力了很多，又学琴又学舞，却没有进步。我想此刻在她的心中，结果已昭然若揭。

真正重要的从来不是努力做什么，而是沉下心来，去做好一件事。要知道，一个人一生的时间和精力都非常有限，专注，有时候比努力重要100倍。

我们总在感慨他人取得的成就、头衔、名目，而一心想要追逐，幻想着有朝一日也如他般耀眼夺目。而其实，鱼与熊掌，不可兼得。你想要的越多，会失去更多。一辈子做好一件事，就堪称完美。还有精力，再去成就其他。

因为，绝大多数的我们，都需要在漫长的默默无闻里忍受，而那些随着时间流逝获得的微小进展就是回报给你最真切的幸福。沉下来，浮起的瓜瓢舀不到水。静下来，人生的脚步才更张弛有力。

[5]

去做你想做的，不是这个世界要你成为的模样；去试你想试的，不是畏畏缩缩，徘徊不前。

人生，有些事，要一个人做，有些关，要一个人闯，有些路，只能一个人走。那么，就在你认为值得且有意义的道路上，怀着沉湎的心，前进。别觉得孤单，这世上总有千万人与你一同奔跑。

只是，事要自己做，关要自己闯，路也要你自己走。我始终相信，一个人只要不停地走，总有一天，能到达他内心想去的地方。沉下心来，专注当下。这之后，时间才会给你想要的答案。

我这么努力只是为了想做我自己

[1]

我曾经觉得演员是个神奇物种，他们天生多才多艺，一个会演戏的人，似乎唱歌、跳舞、曲艺、小品、乐器、相声，十八般武艺样样都行，随便搁在哪种镁光灯下，站着不动都起范儿。

直到听王珞丹说起自己学舞蹈的经历，我才暗爽地发现，除了那些生下来就为了气我们的“别人家的孩子”，实际上，各行各业中更多的都是缺少天赋的“笨人”。

她说：我6岁第一次站在舞蹈室中央，我妈送我进门，很用力地看了我一眼，这一眼信息非常庞大，包括了——孩子啊，你从小到大撒野撒得我本来都麻木了。但很快要上小学了，还是希望你最后一搏，做个知书达理、跳舞棒棒的好姑娘。妈妈爱你，你要是不好好跳，今天晚上你就跟你爸一块吃素菜，看完《新闻联播》就去睡觉，懂了吗。

我懂了，所以脚步特别沉重。老师教我们平转，所有小朋友都能按照轨迹旋转，只有我转得跟没头苍蝇一样，满教室十来个同学，快笑弯了腰，这个“笑声”一下子就砸碎了我对天赋的幻想。于是，从6岁起，我很清楚自己一旦舞蹈，就会听到鼓掌似的嘲笑声，当时我放弃了学习跳舞。

[2]

我问她：你考北京电影学院的时候，难道不要艺考展示吗？

她有点小得意：我17岁考上北京电影学院，艺考展示环节，确实绝大部分女同学都选择了舞蹈，芭蕾、民族、古典，甚至爵士、街舞，只有我偏执地唱了一首摇滚，当时觉得自己酷毙了。后来，学校里的汇报演出，学姐在舞台上跳了一段双人舞《牛背摇篮》，我的羡慕贯穿了整个青春期。

她的话让我想起自己高中时代艳羡的那些数学成绩特别好的同学，也倾慕得成为青春里最深刻的烙印，可能每个人心底都有一个榜样，曾经是我们做梦都想成为的那个人。

我好奇：你现在应该可以选择自己喜欢的生活和角色，会不会跳舞并不重要了吧？

她笑起来：我克服不了对舞蹈的渴望，虽然没有天赋，但是又去了舞蹈排练厅，再试。哈哈，果然还是不行，比想象中更难。我坚持跳了一个月，动作依旧不标准，协调性差，还经常跟不上节奏，我确认自己永远没有机会达到专业舞蹈演员的标准，但是，我和队友一起笑，在舞群里一起秀，这是最大的快乐。

我确实没有天赋，但是，我也能更好呀，我就是这么个笨笨的很努力的自己。甚至，每一个人，都不可能成为优秀的别人，但是可以成为更好的自己。

[3]

最后这句话很戳我。

我们当下的流行文化特别容不得“笨笨的自己”和“优秀的别人”，特别不待见一个活得不怎么出众还挺开心的人。自古以来，我们的审美取向都是："有志者事竟成，破釜沉舟，百二秦川终属楚；苦心人天不负，卧薪尝胆，三千越甲可吞吴。"

我们的生存哲学里，带有太多强者思维，甚至，在成功学的思考模式中，连"努力"这个词的意义也被曲解了——努力并不意味着竭尽全力做最好的自己，而代表着超越他人，成为某个领域中最拔尖的强人，把别人都比下去。

所以，我们信奉"不为失败找借口，只为成功找方法""没有干不成的事，只有干不成事的人"，我们的"努力"，胜负心和输赢欲都太强。

[4]

可是，并不是每个人的理想都是成为卓越的人，更不是每个人都有机会成为强者——天才和优秀的家伙，永远是生活的限量版，绝大多数时候，我们拼尽全力也只能做个"爱因斯坦的第三只小板凳"——那个虽然难看却比前两个好一些的手工作品。这个脑容量最大的智者，也没有全方位天赋异禀，他还是有短板，而他的可爱之处并不是铆足了劲儿弥补弱点活成全身无痛点的完人，而是，他依旧保持着自己的稚拙，想做出个稍微好看点的小板凳，比前面两个都强点。

这才是努力真正的意义。

哪怕一朵最不起眼的牵牛花，开放的时候也有自己独特的好看，它永远不会成为众人瞩目的牡丹，却依旧享受盛开的过程。

不是每个人的梦想都是住大房子，挣很多钱，出人头地，很多人都在享受着自己的小幸福，平静地当个快乐的普通人。

那些尽力却并不耀眼，拼力却并不成功的人，仍然值得掌声。

[5]

一匹名叫“春丽”的从来没有跑赢过的赛马，是日本人的偶像。

春丽从1998年11月在高知赛马场首次出场比赛后便每战必败，6年来它一直拼命地跑，却从来没有拿过第一，2003年年底，春丽创下100次连败纪录之后，NHK电视台在晚间新闻播出一个“连败巨星”的专辑，春丽瞬间成为家喻户晓的明星。

为了让春丽尝一尝夺冠的滋味，2004年3月22日，由日本人气最旺的骑士武丰来担任春丽的骑手，当天为了进场、买马票以及各种纪念品，观众得排队两个小时，这次赛马的成绩，连首相都在关注。

没有出现任何奇迹，春丽在11匹马中仍然只跑到第10名，这是它第106次失败，却无损观众的狂热，很多人又提出要帮春丽拍电影，一定要让她当回“女主角”。

一匹常败的马为什么让人如此痴迷?

或许很多人从她身上看到了自己人生的缩影——虽然一直失败，却依然不断地在跑，“赢”是本事，明知“赢”不了，还愿意不放弃为自己争取好一点的结果，是豁达，更是“努力”这个词真正的意义。

就像我们每一个人，都不可能成为优秀的别人，却可以做更好的自己。

跟随自己的内心，最终总会成功

[1]

“不要问我在哪里，在做什么？每天都是四点一线。”

看到叶老师发的朋友圈，配的4张图片分别是宿舍、食堂、教室、图书馆，这四点一线的生活，简直是读研的标配。

坦白地说，看他在朋友圈晒出录取通知书的时候，着实惊呆了小伙伴。记得刚认识的时候，他是我们城里最有名的一所中学的体育老师。而在我的印象里，体育老师几乎就是“闲职”的代名词，不信你回想一下那些年上过的体育课就明白了。

大学毕业那会，不少同学都选择读研，一类是纯粹为了追求学术研究的，另一类是为了以后更好地就业的。这些我都能理解。但作为一个工作了好几年的体育老师，突然跑去读研，这就令我十分费解了。

一个偶然的机会，我们就“为什么要读研”这个话题进行了深入的探讨。他的想法是，按部就班地生活很容易就磨灭掉内心的斗志，不如趁着还没成家立业，去做点有意义的事，为平淡的生活增加一些意外的惊喜。

就为了不至于在平凡的岗位上碌碌无为，他在授课之余又重新拿起了课本，整整复习了半年，最后如愿考上了华师大的研究生。

我问他，复习的这半年是怎么熬过来的？他笑得一脸轻松说，就这样呗。

从他的笑容里，我似乎明白了。读研就好比是一把钥匙，开启无法想象的世界大门。走在人生的路口，面前有两条路，一条是一眼就望得到尽头的，另一条是深不可见却闪着一丝光芒的。我想若是我，也会被这光芒所吸引，并义无反顾地踏上去。

[2]

月初的时候，利用在广州培训的机会，约见了一位时隔6年未曾谋面的大学同学。

喝着下午茶的时候，聊起工作近况，他带点调侃意味地说自己早就失业了。正当我的脑回路还没反应过来的时候，他又继续解释道，工作三年之后就辞职专心考研，目前已经是广外的一名研究生，下学期读研二，主攻的是国际贸易专业。

想当年在大学的时候，他读的是工商管理专业，平时最热衷的就是跑社团参加活动，每到期末就跑图书馆临时抱佛脚，完全是那种“分不在高，及格就行”的学生。毕业后，他回了老家深圳。

因为家庭条件不错，在土生土长的一线城市有立足之地，在我的印象里他一直都是“不为五斗米折腰”的那种幸运儿。此番听说他竟然选择“回炉深造”，而且是读那种颇费脑细胞的经济类学科，真是完全超出了我的想象。

说起缘由，毕业之初他在深圳一家企业任职，因为我们那所大学只属于二本院校，名气也不大，因此在职场里常常是属于“弱势群体”，而他的专业知识和专业技能在公司一帮学霸面前也毫无竞争力。于是，经历了3年摸爬滚打的职场炼狱，他深深感觉到自身能力的不足，果断辞职，走上了漫漫的读研之路。

从以前大学时代只会讨论哪个游戏好玩、哪部剧好看、哪种东西好吃的男孩，到如今对经济形势、对贸易行业、对学术研究都能侃侃而谈的学霸，我似乎更加直观也更加深刻地明白了“深造”的意义。

记得熊培云在《自由在高处》里有一句话说：“当环境给你做减法的时候，你需要给自己做加法。”尤其是，当你的学历和能力没办法支撑你在职场顺利生存的时候，或许，你可以考虑先练好内功，最终实现弯道超车。

正如孟子所言：“君子深造之以道，欲其自得之也。自得之，则居之安；居之安，则资之深；资之深，则取之左右逢其源。”

[3]

大学时教《文字学概论》的老师是一位女博士，她曾在课堂上给我们讲述读博的经历。当时的我并不能理解，一个已经颇有建树的高校老师，为何还要在刚生完孩子后选择去读博深造。

直到最近与大学时期的班主任久别重逢，聊起这方面的话题，我才更加理解了他们对学术的那种追求。

接管班主任工作的时候，木木老师是刚毕业于湖北大学的研究生，他是那种很勤奋刻苦却又不拘一格的人。在我们学校教了三年的新闻学相关课程之后，他深感自己在这个领域遇到了瓶颈，于是积极谋求突破。

一个年轻的高校老师，要想突破瓶颈，似乎只有继续深造这一条路。于是，他报考了当年华中科技大学的新闻学博士。而最让我佩服的是，备考那段时间，他的孩子正准备出生，面试的时候又遇上肠胃炎，最终却如愿考上。

这次重聚，他已经博士毕业并在华中师大当了三年的老师。从毕业—读研—工作—读博—工作的这一个轮回，虽然最终的落脚地都是为了一份工作，为了一种生活方式，但这个追求学术的过程却让他的精神更加丰沛。至今仍然记得他说的那句：既然改变不了环境，那就试着去改变自己。

《素书》里有一句话说：“君子当潜居抱道，以待其时。”有追求梦想的才能和志向，却没有实现的机会时，就应该“潜居抱道”。但这种“潜居抱道”并不是原地踏步、无所事事，而是要加强自我修养，提升自身能力，不断地积累经验，这样才能在适当的时候厚积薄发。

为什么越来越多人在工作几年后又选择继续深造？其实，工作与深造，这两者并不矛盾。深造为工作提供了更强大的基础支撑，而工作也更能体现深造的价值。

人的一生需要走许多路，而且这条路多半不会是一马平川。那又如何？只管跟随自己的内心，大步往前走，即使走的是弯路，也相信最终可以殊途同归。

没有什么比相信自己更重要

那是在我大一时，台北刚开始办国际影展没有多久，我有个学长买了电影票，但由于时间冲突，便问我要不要去看。我一看片名是《傻瓜入狱记》，心想应该是喜剧，于是接过电影票，开开心心去看免费电影了。

在高中之前，我并没有太多的机会看电影。对我来说，所谓好看的电影，大概仅止于《罗马假日》《乱世佳人》这类好莱坞影片。《傻瓜入狱记》是导演伍迪·艾伦早期自编自导的一部既自讽又质疑人生的作品。那天散场时，我坐在电影院里，震撼得简直不知道该说什么才好。我从来不知道电影可以有这么丰富、深刻的表达方式。我想尽办法去看我能找到的所有伍迪·艾伦执导的电影。在那之后，我又接触到了许多当代一流导演的电影。这些电影，为我开启了一个全新的世界。我渐渐变成一个标准的“影痴”。只要碰到假日，我总是排满一整天的观影之旅，一场赶着一场。

至于学校的通识课程，凭着一点小聪明，外加临时抱佛脚，总能平平顺顺地过关。到了二年级下学期，进入基础医学课程，功课压力渐渐变重。我陶醉在电影世界中浑然不觉，等接到期中考试成绩单时，看见上面许多在及格线边缘摆荡的分数，才发现大事不妙。

有个过去一起看电影，当时已经决心“戒掉电影”的学长对我说：“我劝你别再看电影了，要全心全意应付课业啊。万一将来要重修，会苦不堪言。你好好想想吧，别像我这样悔不当初。”

一边是“医师”的现实世界，一边是“电影”的想象世界，它们之间的冲突在我的内心越来越激烈。当时我谈了一段“被分手”的恋爱，经常情绪低落。情绪低落时，乏味的基础医学自然更念不下去了，只好搁下书本去看电影。随着光影里面的世界越迷人、越深刻，我就越感到光影外面的人生浅薄、无趣。这样想时，我越发无法专注于读书，无法专注于读书又逼得我去看电影，生活与情绪就这样变成了无法自拔的恶性循环……为了让自己不掉入这个恶性循环，不看电影又无法专注读书的时候，我就开始整理东西。有一天整理抽屉时，我忽然想通了一件事：与其把不要的东西一件一件从抽屉里挑出来，不如把所有的东西都倒出来，再把非要不可的东西放进去好了。

整理完了抽屉，我感到快意畅然。原来整理一个抽屉最需要的不是耐心，而是决心。我开始用同样的方法来审视自己的生活，问自己：如果生活也是个抽屉的话，什么才是非要不可的？我找出一张纸，在上面写上：1.吃饭、睡觉；2.读书、考试。

看着空荡荡的一张纸上面的几个字，我开始无可遏抑地回顾过去的人生。回顾完之后，我有点悲哀地发现，如果要把我有限的二十几年人生也做个简单总结的话，我所经历的人生，和这张几无内容的白纸，基本上是很接近的。一种自怨自艾的情绪，乌云似的聚拢过来。

我继而又想，这样的人生继续再过下去，我会得到什么呢？一个体面的工作？体面的车子、房子？然后呢？体面的女朋友，体面的婚礼，体面的妻子、儿子，外加体面的朋友，也许。然后呢？体面地老去，体面地死亡，体面的棺木、丧礼。然后呢？也许还会有体面的朋友在丧礼上致辞，说我是一个多么好的人。

就算我真的很幸运，这些都做到了，我的人生总结起来，跟这张空荡荡的白纸还是没有什么两样，不是吗？或许就因为那么一点点的不甘心吧，我在那张白纸上面，又写下了几个字。于是那张白纸上的文字变成了：1.吃饭、睡觉；2.读书、考试；3.电影。

就这样，我不但没有停止看电影，反而变本加厉地看电影。

当时，吃饭、睡觉是为了念书、准备考试。念书、准备考试，是为了有时间看电影。看电影，又是为了让自己心甘情愿地吃饭、睡觉，继续念书、准备考试，节省更多的时间看电影……

当时我每看过一部电影，就会在笔记本上简单地记录下电影的基本资料，以及自己的观影心得。经过了大三、大四，我顺利地通过了基础医学的洗礼与考验。作为一个医学生，这本来就是分内事，没什么好多说的。但最令我惊讶的是，在那一两年中，我在笔记簿上算了算，每一年我都看了300多部电影。

从某个角度来说，电影打开了我的视野、丰富了我的思考、强化了我的叙事能力，如果不是这样的经验，我显然不可能拥有成为一个作家的基础和条件。但当时的我，并不知道那个选择对我所具有的意义。

当我疯狂地一年看三四百部电影时，我根本没想过，有一天我会变成一个作家，更不知道这样的兴趣会带来什么样的前（钱）途。不只我不知道，所有后来把兴趣发展成事业的人，在那个当下，都不可能看见前（钱）途到底在哪里。

对许多人来说，因为看不到，所以恐惧、犹豫。因为恐惧、犹豫，所以关于前（钱）途的这些现实的声音会变得巨大、嘈杂，也因为这样，你越来越不容易听见发自内心的那个隐晦而模糊的召唤。

而在那个当下，能带领你走到目的地的，只有内心那个隐晦而模糊的召唤。

这是你唯一的凭借与依靠，你得聆听它、相信它，紧紧跟随它。再也没有什么比相信自己更重要了。

找到自己喜欢的路，你才能走得顺利

76岁开始学作画，会不会太晚？摩西奶奶说："慢慢来，只要你能够找到自己喜欢做的事情，任何时候开始，都不会太晚。"她是美国最著名最多产的画家之一，76岁开始拿起画笔，20多年的绘画生涯里，她创作了1600多幅作品，直至影响力跨越国界，启迪了一代又一代的年轻人。

从小的时候开始，我的爸爸就对我讲，一定要仔细看清脚下的道路。我问他为什么，他告诉我说只有认真看，才能找到自己的路。

这个世界上的道路有千千万万条，为什么一定要找到自己的路呢？对于年纪还小的我来说，对爸爸的话并不能完全理解。那个时候的我，对未来充满了幻想，我幻想过自己将来会嫁给一个什么样的人，会拥有什么样的生活，每天会以怎样的心情，睁开眼睛迎接早晨第一缕阳光。

当我年轻的时候，生活渐渐形成了定局，我有了自己的家庭，有了自己的孩子，我每天的首要任务便是照顾他们，我的双手被擦地板、装蔬菜罐头、挤牛奶、打扫屋子等琐事所占有，我的脑子里每天想的事情便是如何将餐桌上的花瓶插满鲜花、怎样做出让全家人都感到可口的饭菜。

这样平淡到三言两语就可以总结的人生，让我的一生好像就是一天而已，我每天都在重复着同样的工作，但是每一天，我都会尽力开心、满足地度过，我不知道爸爸所说的自己的路是怎样的，但我明白，不论选择了怎样的人生，只要尽力地接纳生活所赋予自己的一切，让每一分、每一秒都不留遗憾，这样就足够了。

今年，我已经步入古稀，我的双眼不再清澈，我的双腿不再灵活，但我却真正意识到了自己所走的是一条怎样的道路。爸爸说得对，只有认真看，才能找到自己的路。但想要看清自己的道路，需要的不仅是眼睛，还有心。

在我眼睛昏花，无法清晰地看到周遭事物的时候，我反倒比年轻时更加明白自己想要什么。我想要的生活就是简单安详，能够专注地投身于自己真正喜爱的事情中去，这种喜悦感远比我获得物质上的财富更让我感到有成就感。

每天都会有人问我："什么时候开始自己的梦想才不算晚？"我七岁的曾孙女也曾问过我，她问我，自己是不是也可以像我一样开始画画。

我对所有向我提出这个问题的人回答都是一样的，任何人都可以画画，任何年龄的人都可以画画。

每个人都有选择梦想和开始梦想的权利，我喜爱艺术，热爱绘画，所以我从不会因为自己缺乏天分，或者年纪大了就放弃自己的梦想。我找到了自己的道路，那就是坚持做自己喜欢做的事情，我便全心全意地走下去。

我常常鼓励人们，不要介意别人怎么说，自己的梦想弥足珍贵，一旦你找到了你愿意为之付出一切精力和热情的梦想，那就不要轻易放弃。

所谓通往梦想的人生之路，不过就是在柴米油盐的庸常琐事生活中，自己独守的一份执着，坚持保留自己的一片天地。

人生太长，人生也太短，当岁月流逝，健康不在，回顾一生的经历，会因为对梦想的执着而感到勇敢，就算面对死亡，也不会觉得有任何遗憾。

人生的路很复杂，那是因为你还没有走入属于自己的那条道路上，当你找到了自己的路，会感觉到生命的喜悦，会获得一种从未获得过的力量和勇气，感受到你发自内心的强大，实现自我的蜕变。

没有人能做到所有人都满意，那为何不做自己

著名艺人周立波曾经说过一句颇有内涵的话：我不是人民币，不可能让所有人喜欢我。

你不可能让所有人都喜欢你，因为大家的喜好五花八门。同样，无论你做任何事也不可能让所有的人都满意！因为我们不是所有的人，嘴是长在别人身上的。

有这样一个很老很老的故事，虽然是个笑话，却意义深刻。

一天，父子俩赶着一头驴进城，儿子在前，父亲在后，半路上有人笑他们："真笨，有驴子竟然不骑！"

父亲听了觉得有理，便叫儿子骑上驴，自己跟着走。走了不久，又有人议论："真是不孝的儿子，自己骑着驴子让自己的父亲走路！"

父亲于是叫儿子下来，自己骑上驴背。走了一会儿，又有人说："这个人真是狠心，自己骑驴，让孩子走路，不怕累着孩子？"父亲连忙叫儿子也骑上驴背，心想这下总该没人议论了吧！谁知又有人说："驴那么瘦，俩人都骑在驴背上，不怕把它压死？"

最后，父子俩把驴子四只脚绑起来，一前一后用棍子扛着。在经过一座桥时，驴子因为不舒服，挣扎了一下，不小心掉到河里淹死了。

现实生活中，很多人做人做事时就像故事中所讲的父亲和儿子，过分在乎别人的看法，总是希望自己的行为得到所有人的赞同，所以人家说什么，他

就听什么。结果适得其反，不仅没有做到最好，反而把事情弄得一团糟，终于得到了教训。

你不可能让所有人都对你满意，所以，面对一些误解和指责，就应该狠下心来，充耳不闻，专心做自己的事，坚持走自己的路。意大利诗人但丁有一句名言：走自己的路，让别人说吧。

这句话应该作为我们的座右铭。

生活中，有些人总是一味地想讨好每一个人，而且不希望得罪任何人，缺乏主见，无法分辨事情真相。无论这样做是出于什么目的或是什么心理的驱使，都要明白一点：想面面俱到，想每一个人都高兴都赞同，那是绝对不可能的。

因为在做人方面，你不可能顾及每一个人的利益，有时你认为照顾到了，可是别人却认为你太自私，只顾自己，所以根本就不领情；在做事方面，你更不可能照顾到每一个人的立场和看法，每个人的思维方式和价值取向都不相同，所以对同一件事情都会有不同的感受和要求，无论你怎样做，都会有人不满意！

面面俱到，反而把自己累死。因为你总是怕别人有意见，还得小心察言观色，揣摩他人心思，这就会使你身心疲惫！

从前有一位画家，他想画出一幅人人见了都喜欢的画。经过几个月的辛苦工作，他把画好的作品拿到市场上去，在画旁放了一支笔，并附上一则说明：亲爱的朋友，如果你认为这幅画哪里有欠佳之笔，请赐教，并在画中标出记号。

晚上，画家取回画时，发现画面都涂满了记号，没有一笔一画不被指责。画家心中十分不快，对这次尝试深感失望。

画家决定换种方法再去试试。于是，他又画了一张同样的画拿到市场上展出，可这一次，他要求每位观赏者将其最为欣赏的妙笔都标上记号。结果是，一切曾被指责的笔画，如今却都换上了赞美的标记。

最后，画家不无感慨地说，我现在终于明白了，自己做什么只要使一部分人满意就足够了，因为有些人看来是丑的东西，在另外一些人眼里则恰恰是美好的。

无论何时，在我们的周围，总会有一些挑剔、苛刻的目光在审视着我们。批评是别人说的，日子才是自己过的。

虽然我们不能管住别人的嘴巴，阻挡别人的挑剔和指责，但我们可以选择面对不公正指责时的态度。只要问心无愧，就可以做到泰然自若，做好自己就够了。

外面没有别人，只有你自己

前两天同事找我吃饭抱怨，这次考试她们班的平均分全年级最低，不及格全年级最多。由此引发了一系列声讨中国教育的言论，期间穿插着教师生存压力太大、薪资水平低于都中等餐厅服务员，连学校门口卖鸡蛋灌饼的小哥都不如。我真讨厌这份工作。

我抬头问了一句，你会做鸡蛋灌饼吗?

她瞪大了眼睛说，我怎么可能会？再说那得早晨4点起来和面。我可受不了。

我还没劝好同事，这周末表弟又光荣下岗。他本是一家游戏公司的ui设计，全公司目前最大的项目就是争取代理韩国某热门游戏。结果在与同行竞争的时候，表弟及其团队败下阵来，被老板痛骂一顿。表弟越想越生气，一怒之下辞职了。我真讨厌这份工作。他坐在星巴克明晃晃的玻璃窗下疯狂吐槽了一个下午。

瞧，又来了个抱怨工作的。网上有无数的文章写到工作，什么谁的职场不委屈，最招人讨厌的十种职业，哪种工作不挨骂，层出不穷屡见不鲜。当真是干一行，骂一行；干一行，恨一行。

可是你有认真地思考过吗？为什么我们这么不满意自己的工作?

我曾在一家外企做过几个月的主管助理，一开始的时候，我特别喜欢这份工作。我每天顺着人流在北京最繁华的地段下车，踉踉跄跄地跟在那些精致妆容一身战袍的职场精英身后，走进金碧辉煌的高档写字楼里。那时候，我觉得这是我这辈子最喜欢的工作。

可是没过多久我就发现，外企不是学校，没人在意你的英语、计算机水平是不是全年级第一，尤其我们是最低档的主管助理，日常琐事一大堆，更多的是看你待人接物和处理问题的能力。

一开始我还干得特别起劲，早来晚走沉浸在新鲜和好奇里。可就在我的主管出差了，我需要独立处理部门中突发事件的时候，我栽了大跟头。

当时我们部门负责给相关客户免费赠送家电试用，我分好货单，联系好了运输部的司机。主管发来信息，特别嘱咐我把运送安装费做在这个月的公关费里，千万别让司机开口向客户索取。我知道兹事体大，就在送单子的时候，一字不落地写在了注意事项上，通知了运输部队长。

中午吃完饭，还没回到工位上，主管的电话就来了。她暴跳如雷地批评我怎么这么大了做事没脑子。我听得一头雾水，实在想不起来我做错了什么。

她说运输部队长非常生气我的措辞，什么叫千万别让司机开口？我们司机没这么不懂规矩。我这才意识到自己还是太年轻，说话太不艺术。

首先，我的职位是助理，遣词造句一定要符合自己的身份。把主管的话单纯地复制粘贴，肯定有越级之嫌。其次，司机确实辛苦，又要找人负责安装。若还不能收取费用，确实会心里很不舒服。而且“千万别让”和“开口索要”这几个字也着实透着命令和不信任，好像他们总是占用户便宜似的。

可惜，这是我的第一份工作，年轻的我太单纯幼稚，还没学会审时度势，圆融周到。这件事的恶劣影响一直没有从我心底消除，我像霜打的茄子一样，每一次去运输部都还是尴尬得抬不起头。

后来我发现，我越来越讨厌这份工作了。我不喜欢它总加班，遇到紧急的公关危机还得连轴转，连周末都休息不了。我也不喜欢它总翻译外文资料，我不是英语系的，每次总部的产品资料出炉，我都得不眠不休好几天才能交差。我也处不好同事的关系，她们谈论的都是各大奢侈品牌每一季的限量款还有各国经典小吃和必备手伴，那时候，我连手伴是什么都不知道。

我越来越讨厌这份工作。我再也不偷偷地自命不凡了。能进入这里真的很幸运，但能不能待得下去可不是靠运气。我最终还是和主管提出了辞职。她颇为意外，临走前还在说："小姑娘你挺踏实的啊。慢慢学嘛，谁也不是一开始就能干得好的。"

可我还是狼狈地走了。当时我的理由是我不喜欢那份工作，那份工作不适合我，外企饭碗不稳定。我心安理得地去当了更稳定的老师，可是我又真心喜欢这份稳定了吗？

朝七晚五的生活年复一年，层出不穷的理念日新月异，一个不留神就跟不上教改的新浪潮，被戴上传统老套的大帽子。还有各级评选，平均分排队，绩效奖金分档，所有的所有都在比较，我的心也越来越焦虑。

后来我又开始利用课余时间在网上写文章，一开始的时候几乎是横空出世，各大号纷纷转载，几个月的时间就有一二十篇10+的热文网络流传，还幸运地成为了签约作者，有机会出版合集和独本。

我觉得我太幸运了，我终于找到了自己最热爱的工作。我甚至想过以后就辞了职，专心在家写小说。可是慢慢地，蜜月期过去了，我这种行文风格的关注度开始下降，更多更优秀更有个性的作者如雨后春笋般涌现出来，竞争压力空前加大，我度过了一段极其郁闷的瓶颈期。

于是我又觉得，其实自己也没那么喜欢写作。

年初的时候，我认识了一位心理学专家，忍不住在饭桌上向她说出了自己的困惑。我特别不理解的是为什么我总是从喜欢一份工作慢慢变成了讨厌和逃避，除了单纯的喜新厌旧，有没有一点其他的原因。

她放下筷子认真地问我，你是讨厌你的工作，还是讨厌工作中那个不怎么成功的你。

我忽然就醍醐灌顶了。世间万物都是你内心的投射。我喜欢那个意气风发朝气蓬勃走进写字楼的自己，所以在一开始我很喜欢这份工作。可是我讨厌那个犯了错栽了跟头，和同事聊不到一起的自己，讨厌这种感觉，一直不自觉地逃避这种感觉，所以我狼狈地放弃了它，仓皇地换了教师的工作。

在这个世上，我们总是想方设法地证明自己。青葱岁月里不吃不喝，疯狂爱着的那个人真的有那么重要吗？我们更多的是爱着那个无怨无悔的自己啊。多年后再回想起每一次接受了别人的表白，真的是因为非他莫属吗？也许只是想要在那段时间证明自己也是有人爱的吧。

同事的平均分如果是全校第一，我如果天天都能写出爆文，一呼百应，那我们肯定会很喜欢这份工作的吧。它给我们带来了成就感和自信心，证明了自我的价值，再忙再累，至少我们也会很喜欢工作中优秀成功的自己吧。

表弟的韩国项目如果顺利地拿了下来，也许此刻他正在热火朝天地指点江山，卷起袖管大干一场。就像当年和我一起做助理的小七，情商高业务强，在外企如鱼得水，如今都是部门经理了。

我们真的讨厌现在的工作吗？你是讨厌这份工作压力大，还是讨厌那个动不动就挨批，业绩总也上不去的自己呢？你是讨厌这份工作太稳定，还是讨厌那个磨灭了斗志，不思进取的自己？

这个世界上有各式各样的工作，如果真的是没有兴趣，大可以跳槽转行，潇洒地挥一挥衣袖，但如果自己的能力不够，实力不强，走到哪，干什么工作，都只会灰头土脸满处碰壁，最终变成了干一行骂一行，可是再怎么骂也不敢改行。

如果再让我回到过去，我想对那个翻不出外文资料的自己说，别急着放弃，好好学习还来得及。也想对那个得罪了运输队长的自己说，不要一蹶不振，仓皇而逃，要试着从经历挫折中总结经验和教训。喜欢的工作会因为一时的不顺心而心生厌恶，可不喜欢的工作也会因勤奋努力，不断拼搏而逐渐熠熠生辉。

我们不是在讨厌工作，而是在讨厌那个不争气的自己，同样，我们也许不太喜欢这份工作，但依旧会感激那个永不言败、永不放弃的自己。

忽然想起张德芬说过的一句话："亲爱的，外面没有别人，只有自己。"

每一个生活方式都没错，关键是你自己喜欢

[1]

表妹即将大学毕业，问我这个过来人有什么干货分享。

我说我这么有“湿意”的人，肚子里哪有什么干货。煲鸡汤也不是我擅长，万一你喝多了不仅没治病，还白长一身肥肉，岂不是要怪我。

其实表妹的纠结很简单，她面前有两个选择：一个是留在北京，在一家中外合资的公司上班，年薪十几万元。

另一个是回到家乡，那个N线城市，有一份公务员的工作等着她，月薪3000+。

单纯从数字上来看，表妹根本不用纠结，必须是选择留在北京啊。至少将来回家的时候父老乡亲问起，都会用羡慕而崇敬的眼光看着你：这女娃娃在北京，一年挣十几万元，不要太多哦！

在大多数人都挣着3000+月薪的情况下，一个年薪十几万元的人当然很高大上。

可是这十几万元的年薪，究竟能让你在北京过上什么样的生活？

在四环租个一居室，破旧到不能再破旧的小区，简陋到不能再简陋的装修，至少也要两千五百块钱。

当你跟父老乡亲说起你几乎用了他们一个月的工资租了一间房子时，他

们怎么也想象不到，你所住的房子有多小有多破。

当然，年薪会随着你的工作经历而增长，居住条件也会慢慢改善。

[2]

我认识一个前辈桃姐，博士生，在北京待了六年，换了三份工作，如今年薪已经达到三十万元，在北京买了两套房子，把父母也接了过去。

这在我认识的留在北京的人中是混得最好的了，人家有学历也有能力，将来还有发展的潜力，当然值得我们这些后辈膜拜。

可是桃姐在北京的生活也很辛苦。

她的房子是换工作之前买的，离现在的公司非常远，坐半个多小时公交车后才能到达乘坐通勤车的车站，然后还要经过近一个小时的行驶才能到达公司。

遇上天气恶劣的情况，这个时间就更长了。所以桃姐在冬天的时候，基本上六点多就要出门。

我问她为什么不买车，她苦笑着说，在北京买车要摇号，买了车以后还要限号，一周能开的时间没几天。再说北京有多堵你又不是不知道，与其自己开着车堵在路上直着急，还不如在通勤车上打个盹。

这仅仅是住和行的方面，事实上留在北京这样的城市生活，遇到的问题还有很多。

不管挣多少钱，不管你有没有能力独自一个人生活，父母还都是真心希望你能好好找个对象，然后结婚生子。

桃姐条件优秀，按理来说找个条件相当的男朋友毫不费力，可硬是在相亲的道路上奋斗了好几年。

主要原因是因为工作太忙了。

每天一早出门，晚上至少八点多才能到家，加班开会是经常事，公司虽然也有年假探亲假制度，可是几乎没有人提出来休。

每个人都在努力工作，你总是想休假岂不是很可耻?

且不说办公室没有合适又可心的对象，就是有，也不敢轻易踏进办公室恋情这个雷区。

桃姐自己还好，毕竟在北京三十好几还单身的人比比皆是，可是父母们每天都着急上火，不断出入各种相亲角，甚至连去跳广场舞都带着明显的目的性。

也算是功夫不负有心人，桃姐最后遇到了现在的老公。父母们了却一桩心头大事，又开始催促桃姐赶快生孩子。

但是桃姐坚决地拒绝了，一来她还想在事业的道路上走得更远，而一旦准备要孩子，一定会休很长一段时间的假，精力和注意力也会受到影响；二来如果孩子出生，那势必面对更多的新问题。光是选择幼儿园和学校这一点就已经令人头疼。

北京这个地方，孩子想要上一所好的学校，不是光靠有钱就可以的。可是要上不好的学校，桃姐又不甘心。

所以桃姐迟迟不敢要孩子。

时间久了，父母觉得失望，在大都市生活表面上看起来很光鲜，实际上不过如此，竟然连孩子都不敢生。

我问过桃姐，如果当初选择一个小城市去工作生活，幸福感是否会更强烈一点。

她说她倒没这么觉得。她喜欢现在这样充实而快节奏的生活，她觉得这本身就是大都市的魅力所在。要是让她在这个年纪停下来，去享受侍花弄草的慢生活，她会觉得百无聊赖。

大城市的眼界毕竟与小城市不一样，也许有人会认为现在互联网这么发达，我留在小城市照样身未动心已远。

可是有些东西用眼睛看和身临其境地去体会是完全不同的，所以我们宁可在小长假挤破脑袋，去别人看腻的地方去看人山人海，也不愿待在家里悠闲地翻看旅游画册。

照片明明比实景还要美丽，可我们还是想亲自参与其中。

这就是有些人宁愿住狭窄破旧的小房子，每天疲于奔命地去挤公交地铁，也非要留在大城市的原因。

[3]

与桃姐相比，我的同学月月正好相反。

她毕业后在北京待了两个月，期间父母去看过她一次，抹着眼泪对她说，外面混得不好就赶紧回家。

她没有桃姐那么高的学历，在北京找了一份月薪5000+的工作，这个薪水显然是买不起房子的，甚至想自己单独租一个一居室都很吃力。

为了方便上班，她在牛街那里的一个学校租了一个床位，每个月只要几百块钱。

那个地方治安不太好，她住的房间有八张床，两个月换了好几批室友。大家都是北漂，几个箱子就是自己全部家当，稳定性特别差，彼此之间也多是互相提防。

床上挂个帘子就当是个人空间，就连洗手间都是公用的，因为无人打扫而特别的脏乱差。北京城的十里繁华流光溢彩似乎跟她并没有什么关系。

月月有时候躲在自己小小的床上也特别不理解，自己为什么要留在这里吃这样的苦。

帝都居，大不易。这样没有安全感的生活，不仅剥夺了她的幸福感，更从心理上给了她狠狠一击。

上大学时的踌躇满志、毕业时的豪情壮志，全都被这两个月颠沛流离的生活给消磨殆尽，所剩下的，只是对自己深深的怀疑。

正好家乡招公务员，月月毫不犹豫地回去了。

她现在住在一百多平方米的房子里，距离自己工作的地方走路只用十分钟，工作很清闲。她老公是她的小学同学，同她一样有一份清闲的工作，两个人有的是时间出去游山玩水。

她提起在北京的那段时光，至今还在庆幸自己及时回来，没有将青春都浪费在疲于奔命之中。

她想要的就是眼前这种小幸运，而这份小幸运获得的成本要比在北京低得多。

可是回小城市同样有个问题，她在今后的几十年里，可能会一直做着同一份工作，每天重复着相同的路线。保持这种状态，没有变化，也没有挑战。

我不知道她在许多年后回首看来，会不会因为自己年轻时没有去放手一搏而感到后悔；当她看到当年一起北漂过的姑娘们，将自己打扮成如女王般精致，出现在某一个电视节目上接受采访时，会不会为自己的半途而废感到遗憾。

人常常都会不自觉地犯一个错误，看得到面前的风光，看不见背后的沧桑。

就发展机遇而言，小城市当然和北京无法比。如果那些北漂当年都选择了回家乡去享福，那么如今的荧幕上，会少了一大批耳熟能详的面孔。如今的富豪榜上，也会少了很多个赫赫有名的人物。

但是每个人的性格和生长轨迹都不相同，判定成功与否的标准也不相同。

有人想要的是身居高位受人敬仰，有人想要的是银行卡里一长串的数字，有人想要的是安逸闲适的生活。

所以我无法用既定的经验告诉表妹该如何去选择，我也不希望她听了谁的片面之词就失去了自己做决定的自由。人生路始终要自己走过，才能不留遗憾。我只能将两种选择可能遇到的后果分析给她，让她自己选择。

选择本身没有什么对错，但你得知道你想要什么样的生活，适合什么样的生活。毕竟人生只有一次，不管是进取的还是安逸的，只要你自己喜欢就好。

真正的过来人是你自己

前几天我陪领导参加一个行业论坛。论坛邀请了很多建筑业的专家。我的领导虽然也在行业里混了很多年，有了高级职称，但在这个场合也只能算一个“小弟”，只能缩在角落认真做着笔记。

整场活动，大家都在高谈阔论，我听得昏昏欲睡。唯有中途提问环节有点“人间烟火味儿”，我听了一下。

一个小姑娘站起来说：一直以来，我们土木工程专业的女生都面临着就业难的问题。尽管我学校还不错，也经常参加社会活动，但简历投出去了依然还是石沉大海。我想请你指点一下，在当今就业形势下，我们该如何走。

坐在台上的专家听完后，就开始侃侃而谈。他着眼行业现状，高瞻远瞩了一番之后，总结说我们未来会活得很好，你不用担心。

这个答案没有一丝惊喜，是标准的大咖式的“片汤话”——每一句话都好听，但没一句话有用。

我知道，小姑娘并没有得到她想要的答案。因为若干年前我也曾是一个刚毕业的迷茫青年，也像她一样试图在这样的场合里请高手指点一下迷津，可是得到的都是一些大而空的答案。当时我听了很愤怒，拜托，你就不能给一点现实一点的答案吗？比如应该选择什么样的单位，选择哪个职业方向以后会比较有前途？你扯这些虚头巴脑的东西有什么用！

其实如今回想起来，我也替这些行业大咖喊冤。因为以他们现在的身份地位来说，他们每天面对的都是一些行业会议或者高端讲座，脱口而出的都是一些高屋建瓴的东西，你让他讲讲就业市场，讲讲刚入企业的菜鸟该如何度过最开始的迷茫期，他们也是迷茫的。因为他们压根就没接触这些，也没考虑过这些问题。

我记得大四找工作的时候，我堵住了一个行业前辈，问他：一般人混多少年可以当上项目经理？一般人在这一行工作多久可以买上房、买上车？刚出来找工作是去甲方好还是乙方好，还是中介好？

前辈听了后面有难色，说，这个不一定啊。不同的人资质不一样，进的企业不一样，遇到的项目不一样，发展情况也不一样。这个很难说出个一定的……

接着又吧啦吧啦讲了一堆，但是仍然没一句有用。道理我都懂，可你给我指条明路啊！我听了后暗自吐槽，难道工地上待久了就不会说人话了？

如今我也算在行业待了一些年头，后台经常有同学问我这样的问题。每次我都尽量告诉他们我认为对的答案，但是说出口我才发现，我说的这些话和当年的那些前辈说的话并没有什么两样，都不明确，也不具备操作性。可我明明是很想帮别人的啊。

如果当年的我，穿越时空问我这些问题，我可能也这样回答。因为它是对的，只要坚持执行下去，肯定能踏上正轨，不一定能成功，但至少不会错。可是当年的我如果听到这些，肯定也会撇撇嘴说，这些讲的都是些什么鬼！

刚毕业的我们活得很焦虑，我们迫切地想要知道眼前有哪些路可以走？每条路会有什么样的发展？年收入有多少？多久可以升职？有没有职业瓶颈？

我们恨不得把每条发展轨迹都弄得一清二楚，从各个维度上打出评分，然后选择一条综合评分最高的路走。

因为人生路只有一次，一旦选择了一个方向后，就可能再也没机会踏上其他的路。你可能走上了一条康庄大道，也可能是走上了一条不归路。我们只希望在选择之前知道的信息多一点，以后少后悔一点。

可是问题哪有这么简单。许多我认为的好路，在别人看来可能就是崎岖小路。比如有的人迷恋国企，有的人想要自由，有的人喜欢坐在办公室安安静静，有的人渴望天天和别人吹牛。各人的性格不一样，追求就会不一样。

于是又会有人说，哪需要搞这么复杂，你把其他指标都忽略掉，只考虑薪水就行了，哪条路薪水最高？具体想起来，我发现这个也不一定，这还要看具体的单位，同样的单位不同的项目也不同，各年的效益也不同。而且薪水真的是唯一重要的吗？A岗位一年到头日日夜夜加班，B岗位常年朝九晚五，法定节日均休，A岗比B岗一年多两万元，你愿意吗？没上过班的你可能毫不犹豫地选A，可是真正工作后你可能会发现你根本适应不了A岗的生活方式，一两个月就做了逃兵，同时也失去了选择B岗的机会。

作为过来人，我只能向你讲一些“两点之间直线最短”之类的简洁的策略。而不能告诉你具体哪条路就是最短的那条。而且我所悟的理论，也只是我曾走过的那一条“独一无二”的路上看到的东西，它未必就符合你的人生。因为每个人的路都有其不可复制性，你循着我的心法去修炼，有可能会走火入魔。

我能说我最初去施工单位的选择是对的吗？不能！如果我没有在恰当的时机离开那里，我可能会被埋在某个山体的隧道里，生命永远停留在24岁，因为这就是我当年单位的一个同事的结局。

我能说我后来去咨询公司是一种解脱吗？不能！如果那天我师父上班没有迟到，我就不能安排到他那里学习。我就可能被调配去跟踪一个绵延无尽期的项目，天天疲于出差。

我能说我进现在的房地产公司是之前的努力所得吗？不能！如果不是HR

那天工作粗心，没注意到我的工作年限不够，我就连面试的机会都没有。

生命是由个人的努力和一堆无法预知的巧合组成的。我只能尽量撇开那些巧合，给你尽量有用的建议。可是你又未必听得进去。许多事只有你去做过了才懂，你去闯过才知道这是为什么。

也只有当你真正经历过后，你才知道那些你曾经觉得无所谓的东西，其实有所谓，甚至完全不能忽略。比如很多毕业生常说，刚开始吃点苦没事，只要能学到东西就好！吃点苦无所谓？真正你去吃了就知道，哪有“一点苦”这么好的事啊！你以为是厨房啊，说一点就是一点啊。真正工作上的“一点苦”可能会把刚毕业的你彻底击溃，让你苦得怀疑人生。这就像很多人常说买不买房无所谓，租房一样能活得很好。当你真正去租房子的时候，你就知道找一个适宜的房子有多难，即使找到了房子你还会面临挑室友和房东打交道的问题，而且随时都可能会被房东撵。那个时候你再去看租房和买房问题，肯定又会有新的看法。

所以，当你站在路的起点时，你在乎的可能未必是你在乎的，你觉得不重要的可能对于你来说相当重要。你究竟想走哪条路可能真的需要你去跌跌撞撞地试一下才知道，没有人能够替你看懂。

刚毕业第一年的时候，我们都觉得那个签了甲方的哥们最屌，因为他工资最高！

第三年的时候，我们觉得那个起初去了施工方吃了苦后觉得这不是他想要的人生然后愤而去当歌手的家伙最帅，因为他在干自己想干的事！

如今我觉得那个选择考公务员，空闲时间一大把，然后闲来无事做直播的同学最霸气，因为她赶上了这个直播的时代，一晚上的收入顶我们几年的。

各有各的活法，真是越来越看不懂了。

我只想告诉你的是，你要走的那条路，真正的“过来人”只有你自己。

想要从头开始，就别傻待在原地

有一天晚上，后台同时收到了两个女读者的求助留言，看似不同的问题，但背后的伤却是惊人的相似。

第一个姑娘说，我下个月就结婚了，但现在却一点都不想结了。朋友介绍认识的他，一开始万般体恤，经常送花，甜甜蜜蜜海角天涯，但是双方父母把婚事儿定下来之后，他就不再那么上心了，我又开始怀念前任，感觉不会再爱了。

第二个姑娘说，我今年32岁了，近几年发现跟谁约会都感觉索然无味，一相亲就巴望着赶紧亮出双方条件，合适就处处看不合适谁也别瞎耽误事儿。临近30岁的时候，我还特别焦虑，轰轰烈烈爱过的人娶了别人。过了30岁之后，就开始理性得吓人，甭管遇到谁，都会从身体里跳出另外一个自己，各种顾虑、各种冷眼旁观。

我身边很多至今单身的人，都说只是因为年少时遇到了太惊艳的人。

但是，那些年纪轻轻就嚷嚷着不会再爱了的人，又有几个真的就无爱无恨终老余生？

你不肯割舍的内心戏太多，就容易把自己演成一个孤胆英雄。

这个时候你着急忙慌接受的所有替代品，很容易就会沦为你左右为难的现如今。

有多少深情伪装，是因为不肯醒来的半生彷徨。

你不是失去了爱的能力，而是还没遇到可以唤醒你的人。

大学时候的几个单身闺蜜，谈不上有多漂亮惊艳，但个个待人平缓，与人为善。

私底下我们建了一个小群，平常大家四平八稳地过着各自的悲欢，偶尔讲讲奇葩的相亲对象，说说各自不着四六的前任。

班花也在其中。

人人都知道她的心病，大学里一场超级登对的初恋，耗尽所有的喜欢，当时我们都对这对郎才女貌连连艳羡，后来却因为谁也搞不清的种种，班花跟初恋一拍两散，没有人看到她有多痛不欲生，只是自此眼中尽是这个世界的花开花落再与她无关。

2年前的一天，她在群里发了个大哭的表情。

有人急急问，怎么了?

她说，梦见参加他的婚礼，还梦见新娘前凸后翘，长得比我漂亮，我伤心欲绝，活活哭醒，还以为早把他撂下了。

班花虽然很少正经打扮，但身边却从来不乏追求者。

一群姑娘参加的聚会，她即便特意穿得低调、话说得少，依然会第一个就被桌上的男人一眼注意到。这些年她也听从过别人的意见，试着交往一下啊，不试试怎么知道合不合适。

但却没有广撒网式的试试，能让班花顺利脱单。

有关系亲密的姐妹问她，就没有一个优秀能看过眼的啊?她摇摇头说，也不是，只是无感。

后来她突然受够了生活的了无生趣，索性就买了跑步机，每天大汗淋漓，在瑜伽垫上跳操、卷腹，进修法语。后来在一次国际交流会上，遇到了并不惊艳却让她深感舒服的现任。

后来有了两个人这样的对话。

“谢谢你，终于改变了我。”“不是我改变了你，是你渴望改变在先，而我恰巧出现。”

真是范本式的重生。

如果你不能全新地打开自己，便感受不到四季变换的喜悦，也体会不到别人对你的热烈。

这种情况下，你很难收获让你踏实交付终身的真情。

斤斤计较结下多少怨，求而不得含恨多少年，最终的柳暗花明，往往都只能始于你自己先行放下与已是心安。

已是前尘人，切莫故人心。

尼采说，与恶龙缠斗过久，自身亦成为恶龙；凝视深渊过久，深渊将回以凝视。

与前尘往事之间，谁也逃不开一场兵荒马乱。

很多人因为心里住上了未亡人，就从此非要找一个必须要像你的人。

这种纠缠不清的执念，最容易让心有不甘的人上瘾。

但是，凡事不怕念起，只怕觉迟。

不是所有的念念不忘都会必有回响，你如果总是拿着过去的种种比对眼前人、身边事，最后被活活勒死的，只能是你自己。

什么时候，你肯丢弃盛装表演的热情，你肯放下无休无止的猜忌，你肯离开一味索取的不着边际，你肯释怀无法掌控的有人来又有人离开，那么什么时候，你才能真正踏上一生被爱的坦荡征程。

有人会告诉你，是你的，不必争，缘分没到，等着就行。

让你等着就行，不是让你整天窝在沙发上暴饮暴食地等着，也不是任你六国兴亡八方风雨毫不在乎。

半生蹉跎，需要一个明确的结束。

三十年众生牛马，六十年诸佛龙象。

想要苦尽甘来，先去踏破苦楚。

你一生总要失去一个至爱的人，但爱一个人的本能只会沉睡不会消亡。

之前经历过刻骨铭心的失去。

先是各种撒谎骗假，然后窝在床上睡够了吃包泡面，吃饱了再回忆一下过去的种种美好，越想越悲伤，那就哭吧，哭累了就睡，睡醒了又饿，继而泡面，继而再胡思乱想，继而哭，继而睡，如此死循环一周。

各种耗自己，甩自己一巴掌说这样下去可不行，你得振作起来，但一想到从此“无人与我立黄昏，无人问我粥可温”，瞬间就心如死灰得很彻底。

直到往镜子前一照，形销骨立，悲伤噬骨。

听过卫斯理配额理论，生活中的一切都是有配额的。

当时觉得说得真对，一心认定我的真心配额已经用完了，从此肯定不会再奋不顾身，也不会再去疯狂地做一堆感天动地的事儿去取悦别人。

经历了一段时间的对谁都提不起兴致，后来玩命工作，一日三餐，勤勉为人，努力让自己比从前好看，努力让自己去积极地改变。

直到更好的爱，为我一个人奔腾而来，我恍然发现，依然会心动，依然会脸红，依然能感知到这个世界的种种美好。

顾城的《避免》中有这样一句话。“为了避免结束，你避免了一切开始。”

没有开始就没有结束，要想从头再来，就别妄想只是傻愣着等待。

收起你是是非非恩恩怨怨的标准，去从改变自己开始开启有效等待，去让自己去具备结识优质异性的能力，去让自己拥有择优拒劣的傲娇品质。

直到有一天，那些事儿你无须再向别人提起，自此你才真正把自己还给了自己。

所有的努力，时间都不会辜负

一个人可以非常清贫、困顿、低微，

但是不能没有梦想。

只要梦想存在一天，

就能改变自己的处境。

每一次挑战都能带来不一样的惊喜

[他的人生告诉你，该有梦想]

脱口秀女王奥普拉·温弗瑞曾说：“一个人可以非常清贫、困顿、低微，但是不能没有梦想。只要梦想存在一天，就能改变自己的处境。”

你的人生是什么？

也许你并不知道你的人生是什么，而是别人告诉你的。

很多获得成功的人，会告诉你怀揣梦想和到达成功的彼岸充满了喜悦，会让你的人生与众不同，走出困境。

在我们对人生没有丝毫概念的时候，妈妈开始问“宝贝你长大了想干什么呀”，上学了老师会说“你要为了梦想而学习、努力和拼搏”，从那一刻起我们就已经有了一个根深蒂固的观念——人生要有梦想，才能有意义，才有盼头。

长大后，我们一部分人成了梦想的实现者和受益者，他们开始语重心长地对别人说教“人，一定要有梦想”，比如经常在讲台上说教的老师（小Q也经常这样自以为是）。

还有一部分人成了梦想的失败者和抵触者，屡遭失败的他们开始躲到生活的角落，告诉别人“无追求是一种最高境界，你得看破红尘、看淡一切，像我一样”。

还有一部分人，比如台湾著名漫画家蔡志忠，不断用梦想的实践，验证着人生几何，他会告诉你“人生努力是没用的！人生像走阶梯，每一阶都有每一阶的难点，你没有克服难点，再怎么努力都是原地跳”。

所以，或许我们得思考一个问题。

你的梦想是来自于别人尝到的甜头，致使你也想功成名就？还是来自于妈妈的期望，逃脱不了的“别人家孩子”的阴影？还是来自于你内心最真实的渴望，想要完成一件事，历练一种能力，获得一种认可的愿望？

这个思考，事关重大，关系你能走多远。

[梦想都是五彩斑斓的吗]

也许你要说，梦想肯定都是五彩斑斓而美好的，只是通往这条成功之路的人生都是写满血雨腥风的拼搏史，容易到达的就不是梦想，一脚泥泞一脚惶恐，成功之路就是“土黄色”的。

但你肯定关注过这么一群人，他们的人生不需要拼搏，他们从出生就带着金灿灿的光环而来，在你眼里，对他的人生评价写满了“羡慕嫉妒恨”以及永远到不了的远方，他们有没有“梦想”我们不得而知，也许一切都有了，梦想就成了宁静的白色。

还有一些人在你看来是每天撞钟的和尚，从小和尚撞到了老和尚，终有一天在你不经意间，他们也撞到了生命的终结，他们的“梦想”是与白色形成强烈反差的黑色，是探究不出所以然的。

还有大部分人像猴子搬玉米，一生有太多梦想，骚动得顶天立地，却往往只能迈开双腿走两步换一个，丢下一堆桃子比玉米甜、西瓜比桃子水多、兔子比西瓜好玩的理由，最终两手空空。在他们那里“梦想”一直是彩虹，而且永远是彩虹，只能远远看着，默默许愿，消失了也安然接受，大不了就重新再鼓舞起斗志。

就在我写这篇文章时，我正在医院的病房里守夜，临床是一个不停呻吟的15岁小女孩，她被脊柱肿瘤折磨得生不如死，在她那里梦想只有红色，简单而单一，那是生命的颜色，梦想对她就是一种奢求，她每天最想的就是不要疼痛。

……

每个人心中都画着不同颜色的梦想，或是负担，或是斗志，或是幸福，或是一种体验，什么颜色，只有你，心知肚明，只需要你正确认识。

[梦想束之高阁、泥泞布满全身]

记得那些刚毕业的年月，我们都怀揣着信誓旦旦恶苦一番事业的豪情壮志，在谁人面前都是一副山河无限好的勤劳致富憨豆形象。

有一搞工程的哥们，第一次到了工地，要求自己坚持和民工划清界限，有坚强的内心和精致的生活，运动、洗澡、刷鞋、刮胡子、看书、学习，拒绝一切工程娱乐，即使是迫不得已的娱乐也要保持自己的高姿态，他非常坚定地告诉自己“我不属于这里，更不属于灰头土脸的生活”，于是他拼命读书，下决心要考出去。这样的人，在工地一定被当作怪咖。

一年下来，看书书不尽，加班加点的工作，让他无暇再过精致生活，有时竟也不顾一身烂泥倒床就睡。

不搞娱乐也考试失败，搞娱乐难道就真的没有出路?

所以，这哥们开始怀疑自己的梦想和人生。

肯定是哪里错了。

不接地气，不得好死。工地就是这样，学这个专业就得灰头土脸。想明白这些，他开始融入一切，再也没人认为他是怪咖。

久而久之，什么是梦想早就被束之高阁。

也许你觉得，这就是现实。梦想的最大障碍就是现实。

蔡志忠从4岁半就知道自己的梦想是画画，一个农村的孩子，现实告诉他，不可能，你没有条件，但是他自己创造了条件，一画就画了一生，并且成为杰出的漫画家。

林清玄不相信没受过教育就不能写作，他17岁开始独自闯荡，开始用笔杆子书写梦想，他坚持每天打工每天写作，30岁前他得遍了台湾所有文学大奖。

其实每个人梦想的最大障碍是自己，是你把自己困在现实中，给自己找了无数理由。有很多“蔡志忠”，在第一次梦想被当作是笑话之后，就再也没有谈起过画画这个梦想；有很多“林清玄”在打工回来筋疲力尽的时候，脑子里想的是“我先做到丰衣足食吧，梦想等有钱了再说”（好好想想你是不是这样的人呢？）。

从此梦想被自己束之高阁。

[梦想为什么只走了两步]

蔡志忠说努力没有用，他说的是在努力的前提下，学会克服难题，才是关键。我们从一开始都很努力，无论梦想是什么颜色，都曾信心十足，但有多少人真正实现了梦想呢？

为什么你的梦想只走了两步？

第一步找到梦想，第二步开始奋斗。

对的，没错，你的很多梦想都是在“开始奋斗”时就夭折了。

第一次，我们失败是因为“大目标，小失败，困难来得太早”。我要成为一名画家，这是我的大目标，可我却因为第一幅四不像的画，第二幅擦坏了的画，第三幅弄湿了的画，心生厌恶，告诫自己并不是这块料，换个目标吧。人生就在这些换来换去的目标中流逝了。

第二次，我们失败是因为“低创造性的简单重复工作”。有些人从始至终只会做简单重复性的工作，拒绝挑战和创新，拒绝研究与论证，这样的梦想唾手可得，当然也就不显得有价值了。

第三次，我们失败是因为“失败是成功之母”。听惯了这句话，成了我们为若干不成功所找的最有说服力的借口，成功总要经历很多失败，到一定程度必定会成功，所以，对于从不总结经验的你，从不吸纳意见的你，成功之母永远是个未知数。

第四次，我们失败是因为“情绪占据上风，焦虑就像麦芽糖”。不成功的人，梦想难实现的人，也最不易控制自己的情绪。要么因为急于求成没有效果而焦虑；要么因为认定“环境小、自我大”而踌躇；要么因为遇到一点点困难就暴跳如雷。其实你应该知道，越大的梦想越困难，越难的事越考验你的情绪，你若焦虑就像黏牙的麦芽糖，只会让你举步维艰。

第五次，我们输给了时间。往往，我们的梦想一个两个很多个，什么都想做，放到一起，就没有了时间，不会计划，不懂得管理自己的时间，所有的事放在一起如蜘网难缠，最后使你精疲力竭，不得不放弃一个又一个的梦想。

最后一次，我们败给了“应付”这一绝招。每个人都会习惯性把不成功归结为“拖延症”，“拖延症”是我们“无从下手，不想下手，还有时间，就这样吧”等心理作祟的结果，干了一堆不相干的事，一边看着溜走的时间，一边焦虑得像个热锅上的蚂蚁，不会创造、没有经验，你说能不能做好一件事呢？

当然不能！所以最后你只得使出绝招应付了事。

拖延的后果就是件件事都应付，你就得不到任何肯定！挫败感使你丢弃一次次梦想，更丢弃每一个成功过程中可以发现和构筑的新梦想。

[怎么破？才能将梦想走下去]

1. 设立真正的梦想

有人做过统计，其实有99%的人根本不知道自己真正的梦想是什么？

能实现梦想的人，并不是把梦想当作可有可无的事，更不是偶尔想想的事，他也不把梦想当作工作，而是当作享受，全身心投入，也许一生只有一个梦想，只做一件事，做到极致，身心合一，有谁能不成功？

所以，你当问问自己的内心，最想要什么。

2. 将梦想与崇高挂钩

你的梦想无论从哪个点出发，无论带有什么颜色，最终的归宿应该回归到生命这个话题。

如果你的梦想只是赚钱，那你永远无法实现，永远无法满足。如果你的梦想是权利，那你总会耀武扬威地伤害到别人。如果你的梦想是快乐，且快乐是建立在自私的层面上，那你的快乐最终会以痛苦和分离而告终。

但是，你的梦想如果是崇高和健康的，你便不会轻易被困难吓到，因为你不是在为自己，责任感是最好的驱动力；你也不会轻易动摇，因为你知道充满艰辛很是正常，你会为每一小步成长而感到满足。

伏尼契说“一个人的理想越崇高，生活越纯洁”，对于这名言，小Q还想补充一句：“一个人的理想越崇高，灵魂越轻松，成功越容易。”

3. 只有自己能决定

梦想在现实与成功之间，要么成真，要么成梦，只有自己能决定。你的梦想既不可以不切实际，也不可以只有大目标，没有小步骤，环境怎样是可以由自己来改变的。

4. 方法与心态之间，请选择心态

人生也许就是实现梦想的过程。有很多方法和经验教我们，边做边学，锻炼自己越来越能投入，锻炼自己身心合一，要求自己一步步迈上人生的阶梯。

其实，没有人能教你什么，你的心态如果告诉你“我必须完成这件事，非做不可”，那再大的困难你也能有办法解决。你的心态如果告诉你“我好像还欠缺点什么，试试再说吧”，于是，再小的困难也会引起你烦躁不安，甚至是焦虑。

没有良好的心态，一切方法都是徒劳。

所以小Q今天不是教你方法，而是教你理清一些不能成功的思路，无法坚持的原因，方法是在你想通一件事情的过程中所获得的。

好好体验前进路上的每一次挑战，选对、想清楚、问自己、找方法，你就不会只走两步（第一步找到梦想，第二步开始奋斗），也许你会酣畅淋漓地觉得生活真的五彩斑斓。

好好珍惜纯洁的心灵吧，为自己的人生树立丰碑，也许梦想就是一件很幸福的事。

学会将你的兴趣发扬光大

[1]

有位读者在公众号后台留言：“我现在28岁了，很迷茫。觉得自己的工作很没有意义，一起毕业的同学们，各有各的成就，有体面工作的，也有创业成功的，娶妻生儿，小资的生活惹人艳羡，但我什么都没有。自己这些年来，也错失了很多好的机会，现在做什么都不是，工作没有前途。而且，现在也接近三十岁，一切都太晚了，什么都没办法改变，很讨厌这样的自己。”

其实，我一直都很恐惧未来的自己，会处于这种状况，工作不上不下，找不到人生的意义，发现不了生活的乐趣，随着年龄的增长，眼睁睁地看着身边的人都活得很好，至少是表面上的好，已经够虐心的了。

我一直都很恐惧，所以一直告诉自己，要努力赚钱，要把每一天的生活都过得有滋有味。

张爱玲说，出名要趁早。其实最后出不出名根本就不重要，重要的是你朝着这个方向而努力的过程，这份对成功的渴求，已经是这段艰辛道路上最有效的兴奋剂了。

刚毕业的时候，迷茫了一段时间。找了一份勉强养活自己的工作，但并不甘于仅仅守着这一份工作，去面对青春的流逝，难以突破自我，过着难以有成就的人生。

到后来，因为斜杠青年的兴起，我觉得，其实一个人，可以做的事有很多，并不局限于每天的朝九晚五。

究竟可以通过什么途径去赚钱？

将自己的兴趣发展成一番小事业，那也是一种不错的选择。

兴趣就像催化剂，在你坚持不到的时候，能助你一把。

那时候我回答这位读者："其实在任何一个年临段开始，都不晚。晚就晚在，你明知道现在的路不对，还不去改变。"

而现在我想加多一句，如果你觉得迷茫，不妨找你的兴趣下手，将它成为你的本事，或许能成为你混社会的资本！

[2]

之前公司来了个设计师。年纪轻轻就已经开着车来上班，看着她平时的花钱习惯，心想，她家庭条件应该还是不错的，可能是位富二代。

因为需要频繁地跟她对接工作，很快就相熟起来。

她才刚刚出来实习，但她已经一早自力更生，财政独立已久。

热爱绘画的她，从大一开始，就一直都做着手绘插画的小兼职，因为画风很惹人喜欢，渐渐地来找她画画的人越来越多，在学校里已经有了小名气。随之而来的是更多有关绘画方面的兼职机会。在大学的时候，她已经可以赚够日常的开支，不用向家里拿生活费了。

与此同时，她还兼职着开淘宝店，开淘宝已经是4年前了，那时候淘宝还没有现在那么饱满，想在里面混口饭吃，相比起来没有那么难。

她会设计，店面的设计就轻而易举了，恰好也有鞋子类的工厂资源，可以拿到很低的价格和质量不错的鞋。在四五年前，美丽说、蘑菇街这类的时尚搭配网站人气还是很旺盛，通过这类渠道的推广，如今在淘宝店上每个月也能赚三四千元，虽然没有赚大钱，但额外的收入已经是令很多人艳羡的了。

听着她这样说，觉得她应该不需要出来工作呀。平时已经够忙的了，她笑了笑回答："怎么说也需要出来工作体验一下，看看公司是怎样运营的，积累一下经验，对未来的发展更有帮助呀。"

公司里的一位销售，因为对化妆有浓烈的兴趣，报了名去学化妆护肤，在晚上下班的时候上课。半年过去了，跟着师傅出入各种婚庆，自己也开始接单。

她说，"我现在终于可以存到钱了，一份工资，只够平时的开销，要存钱比登天都难。如果有稳定的单，就可能辞职专门去做这行了。每天能做着自己喜欢的工作，又能赚到钱，那感觉真的很好。"

好朋友嘉仪，因为十分喜爱穿衣搭配，各大品牌的服装款式已经熟悉到不行了，平时在空闲的时候就去学习服装设计，把自己用空闲时间设计的衣服，通过各个渠道去卖，渐渐地有了人气，现在线上线下都在筹备着正式的店面，毅然地从公司离职，忙着开店的事了。

如果没有另一条求生的资本，又怎会有想离职就离职的底气?

这份资本，往往来源于我们的兴趣所在，并把这份兴趣发展成为一份谋生的技能。

[3]

不知道为什么，十分享受时间被挤满的那种满足感，喜欢被压力推着往前走的那份痛感，正是拥有这份痛感，才能更大步地向前走。

在工作上，我一直都力求高效，一早写满今天要做的计划，就专心去完成。所以加班这件事，大多都不会落在我头上。

所以我觉得，有精力去发展更多属于我的小事业。

想了十万种自己的兴趣所在，最后决定于写字和卖茶。

从十五岁起，因为爸爸是一名茶痴，我跟着他喝起茶来，不知道是不是茶多酚提神的原因，又或者是茶香深深地吸引了我。从那天起，每天都无茶不欢，自然而然地去研究更多不同茶的特性。红茶、绿茶、黄茶、黑茶、白茶、青茶、花茶等等，十分有兴趣去了解这行的学问。

当我想找到另一份渠道去增长收入的时候，我想起这个喜欢并且了解的行业。

然后就花了很长的一段时间，去学习有关茶的搭配。就在今年年初，将花茶搭配的淘宝店来了起来。虽然客户量不多，但每一次给客户打包装、配茶和想包装设计的时候，心里面都是满满的欢喜和动力。

过程很烦琐，有时候打包装累到晚上两三点，但都不觉得累，因为做着喜欢的事啊。

一开始，月收入只有几百块，但总相信会越来越好。

除了花茶搭配，平时还会写一下文章投稿，很多人都知道写字真的不赚钱，当红作家当然除外。但还是因为热爱文字，所以每天晚上下班，除了弄花茶，就是写文章投稿发公众号推送。

每天的时间都被挤得满满的。

虽然这些小兴趣暂时带不了给我什么，但总比把这么宝贵的时间用去吃吃喝喝玩乐好得多。

又说不定在某一天，能靠着这些小兴趣谋生了呢？

如同向肥沃的田野里，撒出种子，虽然未必都能茁壮成长，但多一分努力总是多一分希望。

[4]

你身边一定有这样的人，唠唠叨叨着这份工作不好，那份工作赚不了钱。为什么他还是迟迟不辞职？正是因为他离开了这份工作，根本就没有任何能赚钱的手艺呀！

能让我们谋生的，除了做HR，文员，销售，财务等等这类传统的职能。

你看，爱好穿衣搭配，爱美化妆的女生，不是热衷于在微博上分享自己的化妆经验，就是开个淘宝店卖出好看的衣服，仍然赚得盆满钵满的；热爱摄影的朋友，从帮身边的朋友拍艺术照，去各摄影棚做着兼职的摄影师，到最后自己开摄影工作室。

这都开始于兴趣，延续于把兴趣发扬光大呀。

无兴趣，不成大事。

一心一意能成就一番事业，但“三心二意”又未尝不可。

找到属于你的兴趣，并，发扬光大。

没有什么比你还年轻
更重要的事，如果有那只有努力

一个人坐在动车上，这算是我第一次一个人旅行，没有想象中那么兴奋。我坐在靠窗的位置，欣赏着路上的风景，中途上来一位大叔，西装革履，皮鞋锃亮，梳着个精神抖擞的小背头，戴着个和瓦片一样厚的镜片，看起来十分严谨，他在我身旁的空位坐下了。

一个人的旅行，本来想着能遇到个美女聊聊天，结果却和大叔邂逅了，我暗暗叹息。

我自顾自地看着窗外的风景，过了大概二十分钟，严谨的大叔先和我搭讪了："小伙子，你这耳朵一边一个耳洞，父母不说吗？"

大叔的开场白弱爆了。"嗯，这不还年轻嘛！"

"年轻就是好啊！"大叔感慨道。

"您也年轻过啊！"我们三言两语地聊了下去，也算是缓解下彼此旅途上的寂寞。

"你这是出去玩吗，一个人？"

"嗯，也不能算一个人，到那边有个朋友接我，您呢？"

"我啊，出差，为了生活奔波，机械运动，和你们这些年轻人比不了。"

我心里窃喜，什么都比不了年轻。

"但我也不羡慕你们，我年轻的时候可比你们疯狂得多。"

我心里咯噔了一下，真没看出来，大叔不落俗套，还有过疯狂的青春。

“我小的时候，一个人跑遍了我们那边的整个大山，一个星期没回家，每天在山上吃野果，睡草窝。你们现在那种什么支帐篷露营的玩法，全是从我们那会儿进化过来的，没意思。后来和朋友做生意，闯遍了半个中国，什么搭车去旅行啊逃票啊穷游啊是我们那会儿每天的生活而已。唉，那时候还真想就这样过一辈子，多潇洒自在。”

“我有点崇拜您了，您过去的生活是这个时代很多年轻人梦寐以求的。”

大叔笑了笑：“没什么可羡慕的，年轻时候再疯狂，最后还是要归于平淡。你看我现在，每天为了妻子和闺女，为了那点柴米油盐奔波，你可别把出差当成旅游，这是重复性的机械运动，索然无味。”

“您年轻时候这么疯狂，现在就受得了如此平淡的生活？”

“二十多岁的时候，和一个女人结婚、生子、养家，为自己的家庭负责，为妻子和孩子努力，孝敬好父母，日复一日地生活。你可以站起来问问这个车厢的人，有多少人不是过着这样的生活。”大叔微笑着看着我。

“是啊，能有几个人不是如此生活的呢。”我附和道。

大叔有一点黯然神伤，也许是在怀念曾经疯狂的青春，也许是在叹息自己后来的人生不够精彩。总之，这个表情只在他脸上停留了两秒钟，但还是被我捕捉到了。

“现在的年轻人太过追求新鲜刺激的人生了，天天想着怎么和别人不一样，希望你以后能有勇气安于平淡，能安于平淡就是最大的不一样。”

看到过一篇文章，文章里批判现在很多年轻人一个人去西藏，一个人骑车去旅行，总是梦想着环游世界。这些年轻人中有部分人并没有条件做这些事却仍要坚持，不顾自己的安危和父母的担心，是不成熟和不懂担当的表现。只是一味追风，在同龄人中标榜着自己的勇敢和不同。

越来越多的年轻人爱上旅行，背包客、穷游、搭车、骑车旅行，我们在不停地发明着更加新鲜刺激的旅行方式。虽然旅行对很多人来说是为了在路上找到自己的梦想，在陌生的地方找到真实的自己，但并不是所有人都是为了旅行而旅行。我们总是习惯极力地把自己的一段旅行勾画得足够刺激，把路边的风景描绘得如何美丽之极，晒着最美的照片，写着最惊心动魄的故事。我们嘴上说着想和大家分享经验和快乐，其实很多人内心想要的是那两句旁人的羡慕和赞美，听别人夸两句勇敢和执着，满足一下那小小的虚荣心。

归根结底是这个时代的太多人没有勇气安于平淡，不甘承认自己的生活平凡。我们穿和别人不一样的衣服，看和别人不同的书，喜欢和别人不同的事物，去别人没去过的地方。我们努力让自己的人生和别人不一样，每当我们谈起未来时，描绘出的是一个比一个精彩的蓝图，每一个人的未来看起来都是那么的高潮迭起。

不记得从什么时候开始我们总是羡慕别人那跌宕起伏、扑朔迷离的人生，甚至会羞于提及自己平淡安逸的生活。还记得之前和一位年长的朋友一起吃饭，他淡淡地说了一句："现在我和身边哥们坐在一起吃饭，没有人再畅想未来，我们聊的都是哪个牌子的奶粉更好，哪个地段的房子环境好还不贵。"

无论年轻时候的我们多么疯狂，最后还是要归入平淡的长河中。大叔说得对："希望你以后能有勇气安于平淡，能安于平淡就是最大的不一样。"

谁都可以陶醉于旅途的风景，但不是每个人都能积极面对惨淡的生活。无论是一个人骑车去西藏，还是一个人背包环游世界，这些勇敢都抵不上安于平淡的勇气。

罗曼·罗兰说过，世上只有一种英雄主义，就是在认清生活真相之后依然热爱生活。

我们在青春里是多么的骄横跋扈，不可一世，我们曾经又是多么的倔强，不甘平凡。我们给自己设想的未来一个比一个精彩，每当我们谈论到未来这个话题时，无不两眼放光，意气风发。

可我们谁也不曾在寂静的晚上一个人躺在床上想过，也许过不了几年，二十多岁，和一个爱的人结婚生子，然后一辈子庸庸碌碌，柴米油盐。为了每个月能多赚点钱绞尽脑汁，每晚为了孩子的奶粉钱和上学钱而辗转反侧。一边搂着爱人重复着不知说了多少遍的旧情话，一边像闹钟一样定期问候父母，每天回家告诉亲爱的等赚了更多的钱，有时间了一定带你出去走一圈，一边告诉自己明年一定要换个更好的车，可生活仍然如此机械地日复一日着。几年以后虽然有了更多的钱，可还是没有能和爱人出去走一圈，依然没有舍得换那辆早已在心中试驾多年的车。这就是我们大多人日后要面临的生活，可现在的我们也许连想象的勇气都没有。

我们就是如此的贪恋高潮，渴望刺激，嫌弃自己的平庸，厌恶生活的琐碎。我们有勇气去冒险，却始终没有勇气接受平凡。

细想我们这一生，努力多年后不见成果却在一次偶然中获得成功，以为不会爱你的人最后突然爱上了你，曾经相恨的朋友一笑泯恩仇，一两次难忘的旅行，洞房花烛夜，成为爹妈的那一天。除去这些高潮外，人生更多的是在平淡中流逝，平淡到有一天你会数每天上班要走多少步的路，这就是生活的真相。

我们出国留学，梦想周游各国；我们绞尽脑汁自主创业，标新立异；我们怀着和别人不同的梦想，踏上一片陌生的土地开始一段新鲜的生活；我们想用自己的双手创造出一段传奇人生；我们总是不停地梦想那些遥远的梦想，努力地过一段和别人不同的人生，却逃避着现实的平淡躲避着生活的责任。

小时候读过一遍塞万提斯的《堂·吉诃德》，那时对于一个少年来说或许深奥一点，经历了一些事情后，慢慢爱上了堂·吉诃德。他说：“我们要去梦想那不可能之梦想。”曾经多少次被这句话所感动，可当如今再翻开这本书时，突然醒悟，一个人一生竟能为了梦想如此疯狂、潇洒地放下所有责任和爱的人，这是多么幼稚的行为。作者并不是在歌颂他，而是在反讽地批判，他并不是勇士，他只是一生都在逃避现实和责任的懦夫。真正的勇士，一定敢于直面自己惨淡的人生。

而现在的我们很多时候就是这样，躲在一个叫作梦想的避风港，逃避着所有关于现实和生活的风雨，梦想成为了我们逃离一切责任和现实最好的借口。

每个人在青涩的岁月里，都会有不羁的想法，天马行空的幻想。可是当我们三十多岁的时候，而立之年悄悄过去，生活就像一把无情的刻刀，改变了我们的模样。多年以后，当年那个球场上叱咤风云、梦想着进入国家队的篮球少年，进了一家不大不小的公司；当年那个抱着吉他闯天下，一生要和音乐相伴的少年当了一名小学的音乐老师；曾经那个不羁一切、舞技高超、想要跳一辈子街舞的少年考入了公务员，每日喝茶看报。

岁月是无情的，生活是残忍的，可是我们必须接受，必须勇敢地面对。多年后，无论我们的生活有多么惨淡无味，只要我们敢于面对，便是真正的英雄，铁打的勇士。

青春太过美好，所以稍纵即逝。一觉醒来看看镜子里的自己，已经悄悄老去。趁我们还在青春里，奋不顾身地爱一个人，去感受一次说走就走的旅行，做你想做的事，见你想见的人。趁我们还在二十多岁的年华里，多做一些八十岁时自己想起来脸上还会不禁漾起微笑的事情，趁我们还在青春的尾巴里，努力享受这短暂的青春。

当青春逝去，当我们坐在一起不能再像曾经豪言壮志畅饮到天明时，当我们开始谈论哪个牌子的奶粉更好，而不是再勾画未来的宏图时，请勇敢地接受这份平淡。

无论未来怎样，我们都不必抱怨我们的人生。有的人一生精彩不断，但更多人的一生都是充满了平平常常的小事。假如我们没有惊天动地的大事情可以做，那么就做一个平淡的小人物，给一个可爱的小孩做父母，给一对慈祥的老人做孝顺的子女，给你的另一半一个简单幸福的人生，这一样是丰满的一生。

努力地享受青春，然后勇敢地安于平淡。

一花一世界，一叶一菩提。如果没时间去让人心旷神怡的地方，那就做一个用心生活的人，去发现身边那些平凡而细小的美，这远比一个只能被世间美景打动的人要容易幸福得多。

看清生活的真相之后，继续热爱它。

愿我们都能如此。

与其去求不如自己努力得到

男人可以是别人的，但钱包要是自己的，没有什么比努力赚钱更让你理直气壮的事。

因为女人最大的精彩，就是独立。

马苏和孔令辉分手的时候，我着实难过了好一阵，希望这是捕风捉影的流言，不久后他们就会手牵手出现在镜头前礼貌地辟谣。后来，马苏坦承与孔令辉十一年恋情终结，镜头前哭着说道“一个人生活很久了……”，我的心也开始跟着流眼泪。

马苏的电视剧我没看过几部，也不觉得她是美若天仙的女演员，爱上她纯粹是因为几年前读到的那段马家庄故事。那时她还没有红成屏幕上这个泼辣机智的小媳妇，一个穷学生和开着保时捷的大满贯冠军谈恋爱，虽说有平步青云的富足，可是在对方的优越感面前，自尊心难免有受伤的时候。一次激烈的争吵后，提着箱子从男朋友住所愤怒离开的马苏，发誓一定要赚得一套自己的房子，不至于让她在萧索的夜晚满街游荡。

她拼命接戏，只能演小角色，片酬不高，不敢参加同学会，连瓶兰蔻也舍不得买，把攒下来的每一分钱，都投入一套公寓的首付里，没接受男友分毫的救济。每天睁开眼睛，就有六百块钱的房贷在等着她，没钱装修，只能每隔几个月把一件家具搬回家。等到最终可以入住，马苏为了这个房子，已经付出了整整六年的努力，她在大门上挂上个牌子，上面就写着“马家庄”，这是爱情里进可攻退可守的根据地，再也不会有人命令她离开。

那是我第一次意识到，一个女人赚钱的决心与能力，可以为自己带来多么大的荣耀与尊严。这个倔强又自尊的姑娘，把那句“没有什么比二十几岁的贫穷更理直气壮的事”彻底颠覆成另一番模样——对于一个女人，没有什么比二十几岁努力赚钱更让你理直气壮的事。

几天前和即将步入婚姻殿堂的朋友聊天，她叹着气说，男朋友家里为一套两居室房子交了首付，剩下的贷款，就由小两口一同来还，但是婆家坚持在房产证上只写儿子一个人的名字。朋友气不过，连婚期都考虑推迟，“这和一辈子租房每个月要付房东租金有什么区别？！”末了，她一字一顿地说，“什么都不比自己有钱好。”

我们所接受的传统教育，对女孩子的要求不多，知书达理，品行端正，勤俭持家，大概就组成了一个女孩的全部美德。没有人教过我们，在走入残酷的成人世界后，女孩子一定要自力更生，确保银行卡有足够的余额，不可对男人产生金钱上完全的依赖，两个人一旦分开，除了很多很多的爱，还剩下很多很多的钱，不至于造成精神上和物质上的全面崩盘。所以成年后的我们，就变成单纯善良的傻姑娘，听信情话中的矢志不渝，甘愿待在家洗衣煮饭，不敢让对方太辛苦，拿着计算器逼问自己是否还可以再节省一点点，直到分手的那天，那么好的姑娘，拖着箱子无处可去，呆呆地立在人群里，发现街口那家昂贵的冰淇淋，自从恋爱后再没买过给自己。

也许有人会说，那就去找一个可以不用让你辛苦算计的男人吧，有占地几亩的豪宅，家务都由保姆照料，出门有司机专门接送，信用卡没有透支的限额，就算分手还能得到一笔不差的补偿。可是亲爱的，你要记得，但凡与钱有关的爱情，都不会持久，只要男人可以用钱收买一个女人，他就不会给她太多尊重。一个女人，一分一毫赚来的辛苦钱，在银行账户里面积累起来的数字，就是她在爱情里的尊严与自由。

最初在新西兰的那一年，是我二十几年生命里经历过的最颠沛流离的日子。我换过五份工作，搬离八次住所，经济一直拮据，不敢逛街也不去聚餐，每天蹭员工餐填饱肚子，家里十块钱烧水壶坏掉也没舍得再买新的，为的是把攒下的每一笔钱都存进学费的账户里。在酒吧打工的时候，一个猥琐的男人出现在吧台，酒精让他肥腻的身躯蠢蠢欲动，他提出暧昧的要求，愿意帮我付掉全部的学费。夜色苍凉，灯光凄婉，他的大奔驰就停在门口，那耀眼的标志直笔笔地戳进我心里，那时我心里只有一个念头，我一定要有钱。那个画面，是至今想起，都可以让我恨恨地马上跳起来去工作的动力。

那样的一年我把自己逼得辛苦，学校放了两个月的假期，身边的中国留学生只有我没回家，最忙的时候去打三份工，每天的睡眠只有五个小时。早上天不亮就要爬起来走四十分钟去超市打工，穿雪地棉，套三双袜子，围巾蒙在脸上，在奥克兰冬日沁骨的湿冷里走上坡路，整条街只有麦当劳的大M亮着光，那就是黑暗里为我升起的朝阳。六点下班，跑去中餐馆，清理餐桌上的残羹，拾掇小朋友的鼻涕纸，深夜又出现在空无一人的办公大楼里，背着重重的吸尘器，一个人呆呆地站在巨大的落地窗前，望着整个城市的夜景。连朋友后来都开着玩笑和我说，“每次自己觉得累不想去打工的时候，想想你，马上就来了动力。”

那一年，发现赚钱也可以变成一件十分快乐的事情，看着银行账户里的数字一点点蹿着往上升，虽然辛苦，只要心中有目标，就总有办法坚持。那时一起工作的同事，大多到了谈婚论嫁的年龄，很喜欢讨论男人与钱的话题，我记得一个长相有些妖艳的女孩子，一副经验老到的口气，幽幽地和我们讲，“男人这东西，都不要脸，你一定要想办法从他身上得到点钱，离开的时候才不后悔……”可是，有没有想过，当你很潇洒地拿着男朋友的信用卡到处刷的时候，你的男人会不会在另一个地方，吐着烟圈在酒桌上和他的兄弟讲，“女人这东西，都不要脸，每个人都想从我身上诈点钱……”

我从来不否认钱的美好，但我并不羡慕那些挎着男朋友胳膊去LV专卖店拿最新款皮包的女生，也不会看着对男朋友撒个娇就能买辆甲壳虫的姑娘们感叹命运不公，更不会因为一个男人钱途无限好就拼命接近示好。我爱钱，爱的是那种来路清白，干干净净的钞票，带有一点踏实的辛苦味道，可以让我在和男人约会的时候一把抢过账单潇洒地说“我来付”，可以让我在伤心难过的时候去最贵的餐馆大吃一顿不必对着菜单上的价格斤斤计较，也可以让我在失恋后依旧住得起两室一厅的房子把车库改造成梦想中的工作室……这是我赚来的阔绰，也是用努力换取的一份尊严与自由，不必让我在爱情里低头，也不会因为失去爱情而失去自我。

张嘉佳讲过一个故事，他在电视栏目工作的时候，问一个女编导，“男人有一千万元，给你一百万元，或者男人有十万元，给你十万元，哪个更重要？”女编导不假思索地说，“一百万元”，认真想了一夜后，又说“十万元”。

“无论一百万还是十万元，都不如自己挣的那一万元。有了那一万元，就不用再想那一夜。”张嘉佳最后这样说。

我亲爱的好姑娘，男人可以是别人的，但钱包一定要是自己的，请你千万记得这句话。

送给正在奋斗的姑娘，当钱包是自己的时候，男人还会成为别人的吗？

小人物也能有大的作为

我们公司有一个女孩子，新来不久，圆圆脸，披肩长发，长得小巧甜美，但不是甜腻的那种，就是笑容甜甜的感觉。平时碰见了，会对你微微一笑。我见过很多同事间打招呼式的笑，但大多是皮笑肉不笑。她那种笑容，是从心底升起来的，让人看了很舒服。于是很喜欢和她“偶遇”。

我们是创意型的公司，公司群里相当活跃，聊啥的都有，大多以娱乐搞笑为主。我们是伺候甲方的，那帮小主脾性较不稳定，时不时赏赐个加班、重做什么的，大家还要崇拜着打呼“谢小主恩典！”

在这种环境下，人的压力其实是很大的。所以同事之间就非常友爱，甲方不疼自己疼，谁叫咱都是自己人。于是就形成了在群里互相打趣的聊天模式。

群里有一位讲话非常搞怪的妹子，不是我们部门的，应该是新入职的那波人中的一个，因为我之前没听过她的名字。这姑娘发的表情非常切合自己人互相打趣的聊天主题，损人也损得恰到好处，让人看了哈哈大笑，顿时有种甲方完败的快感。

这两个妹子我都很喜欢，觉得公司就是需要这样的同事。

后来吃下午茶的时候我才知道这俩人原来是同一个人。

公司休息区有个台球桌，算是全公司唯一的娱乐设施。公司在25楼，高处不胜玩，朝九晚六都被圈在办公室里做困兽。于是，休息的时候，打台球。

累了，打台球。困了倦了，打台球。挨甲方刁难了，打台球。想不出点子来了，打台球。

那张小小的台球桌承载了太多的梦想，导致我们每每路过休息区，都会对它情有独钟，深情地望一眼。

其实是想看看谁又没在电脑前跑去台球桌潇洒了，看到比较熟的同事在打，就会忍不住蹭过去打几杆子。

有一回中午，我路过那里，看到是那位惹人喜爱的妹纸和另一个女同事在打台球，不由自主蹭了过去。那女同事正在接电话，索性就把球杆给了我，于是乎，我这小菜鸟欢腾而上。

令我惊奇的是，那妹纸个头小小的，台球竟然打得很好，我这种几杆子都打不到球的人竟然第一次没有遭到鄙视和奉劝，以往我这种浑水摸鱼的人通常会被“行家”奉劝一句“乖别闹了”，但她没有。她微笑着给我示意打球的姿势和方法，嗓音甜美，无比真诚，我把球打飞了她也是微笑着帮我捡回来，摆在台球桌上说：

“杆子离球近一点，这样会打得比较准一点。”

于是我愉快地打了人生最长一次时间的台球。

再后来，我听说这新人妹子搞定了一个非常难搞的项目。那个项目的开发商在深圳是出了名的难缠，难到让人想诅咒他们难产了。诅咒归诅咒，人家的项目诞生速度以及销售量总是那么的遥遥领先。于是这样的开发商注定是财大气粗脑满肠肥的，做他们的项目，姿态得放低，得哄得捧。可就算你低进尘埃也没用，他们照例想骂就骂，想返工就让返工，还时不时来个差评什么的，简直将甲方脾性的不稳定性发挥到极致。

项目经理搞不定了。总监也烦了。老总也想解约算了。这时候，那姑娘站出来了，大家抱着“反正已经这样了试试也无妨”的心态，就让她上了。

一个月后，我们惊奇而惊悚地收到了那难产（难缠）的开发商发过来的表扬邮件，赞扬我们的对接人做事有条不紊，勤勤恳恳，不卑不亢，最主要的是，态度非常好。

不可否认这姑娘能力不差，可这年头，能力好的人太多了，但态度就不一定了。我想她打动甲方的一个很大因素就是她的态度，做事的态度，以及做人的态度。

很快，她就升任见习项目经理了，但她依然是那副姿态，笑容可掬，不蔓不枝。

这是一个宠辱不惊的姑娘，她的性格，远不止“善解人意”这么简单。她身上没有都市人共有的浮躁气息，也没有小有得志后的傲气，我想未来还有更多的可能会发生在她身上，晋升、加薪、寻得良人……而这一切的发生都是必然的，因为，她是一个好姑娘，心中有天地的好姑娘，配得起千秋万代，一统岁月的江湖。

这是一座承载了太多年轻人的城市，人们有着这样那样的梦想。然而，梦想太大，现实显得有些遥远，于是很多人变得急功急利，焦虑狂躁，却忽视了细小甚微的事情。

奔跑的同时，对自己好一点，对身边的人好一点，让人在想起你的时候，嘴角会有微笑，该有多好。

我们都是小人物，在钢筋水泥下，背着小小的包，怀揣小小的梦想与心情。不一定要吹皱一池春水，且当微风清徐时，漾出一圈水花，在水花中翩翩起舞，不就很好吗？

不要去羡慕，只要肯努力你也会有

月见小姐在决定辞职之前，曾经在微信上对我们进行了每日一吐槽的狂轰滥炸。

“每天都要看老板脸色说话，没完没了地加班和出差，对着吹毛求疵的上司和同事，真是够够的了。真想像某某人一样啊，在家做自由职业者，每天轻轻松松地写个文案做个翻译，时间又自由又不耽误挣钱，人家那才叫生活。”

这抱怨来得太过频繁，以至于开始时经常回应她的那些人都默默失踪，直到她终于发了大招“告诉你们啊，我终于鼓起勇气辞职了。赶快表扬我一下”，纷涌而来的鼓励换来她频频发来那个大笑的表情，“我终于要过上自己喜欢的生活啦！”

我几乎都能脑补出她笑出八颗大白牙神采飞扬的笑脸。

“哎，你帮我介绍个翻译能赚钱的活儿呗，我这刚刚起步，只要靠谱就行了。”她问我。

对于月见小姐的第一次拜托，我极其认真地辗转找了许多个朋友，终于给她找到一份虽然报酬不多但是绝对轻松的翻译兼职。她在那头连着发来好多个谢谢，开心得不得了：“一想到马上就要新生了，真是太开心。”

她仿佛从一个满身怨气的小白领一下子进入了岁月静好的阶段，晒一晒自己种的花草，拍一拍自己画的涂鸦或是镜子里练瑜伽的身影，每天一发自己的健身记录，还有在读的那本名字拗口的厚厚的巨著。

就这么静好了好几个月，终于有天忍不住拉我聊天：“哎你说，这些人怎么就那么难伺候呢，我翻完5000字才给100块，进度还催得那么紧。还有上次找我做文案的那家，我改了8遍啊，他们还挑挑拣拣，居然晚上十一点打电话给我要改方案，气得我直接就挂断了电话，有没有礼貌啊这些人。”

她气势汹汹地在那边抱怨了许久，终于轮到我插话的时候，我劝她：“刚开始就配合一点嘛，等人脉建立起来了怎么样都行。”

换来月见小姐好像听到外星球电码一样的惊讶和不解：“你傻啊，我辞职了自己单干不就是图个自由嘛，我要这么逼我自己，又被人使唤又看人脸色的，跟上班有什么区别？”

紧接着她又不甘心地絮叨几句，“人同命不同啊，你看那个×××多好运气，年纪轻轻开始做自由职业，做一笔够吃一个月，是不是什么二代啊，有人脉、有家底什么都不愁。”

月见小姐口中的×××，曾经是许多人羡慕的对象。

一次公司活动的时候见过她，妆容精致举止文雅，带着一点独特的慵懒气质，像一只吃饱了准备入睡的与世无争的猫。寒暄之后我凑过去聊天：“我有位朋友特别喜欢你，简直要以你的生活当作模板了。”

她苦笑一声指指自己的黑眼圈，“羡慕的人多，能做到的人少。我的作息比上班族还要辛苦，每天五六点就得起床看做的方案甲方有没有意见，常常大半夜被叫起来改图。做翻译就更别提了，看得我眼睛都花了，就那么一点点钱。”

许是看到我的表情太过吃惊和同情，她安慰似的拍拍我的肩：“已经好多了，刚开始的时候好多钱少事多态度差的客户，我天天跟在人家后面追账，动辄被骂个狗血淋头就为几百块钱。跟那时候比起来，现在真是好太多了。”

“自己做事居然也要这么辛苦？”我忍不住感叹一声。

“每一种自由都辛苦，”她笑容温柔眼神坚定，“但是值得。”

我想起自己刚刚毕业的时候，曾经特别崇拜一位“高冷”的前辈，他不拉帮结派地笼络同事，也从不花言巧语的奉承老板，从不刻意去争取什么，却能把每一项任务都完成得很出色，每一年都在高升直至高管。

那时候我在想，这就是我想要成为的人，又独立又淡定，又优秀又个性。

直到有机会跟这位前辈聊天，换来他语重心长的一句：“想要做什么样的人，需要先考虑好，自己愿不愿意付出相应的代价。”

用别人聊天、吃饭、打游戏的时间钻研业务的代价，每个夜里都在苦学然后清早起来跑步的代价。

对重要的客户做小伏低百般应承的代价，对上级错误的指示咬牙做完然后自己去补洞的代价。

曾经努力去变成另一个人，才能做回自己的代价。

东野圭吾在那本《彷徨之刃》中曾经有过这样一段话。

下西洋棋的时候，一开始我们拥有全部的棋子，如果一直维持这样就会平安无事，但是我们要移动，走出自己的阵地，越移动就越可能打到对方，可是自己同时也会失去很多的东西，就像是人生一样。

我们常常以为自己喜欢某一种生活，或是想要成为一个什么样的人，可是这样的想法往往只停留在了解别人最光鲜亮丽的一面，羡慕她自由，羡慕他成功，羡慕他年纪轻轻就升了高管，羡慕她不动声色就自费出国。

而他们背后不为人知的艰辛和努力，就是我们尚未做好的觉悟。哪里有不会辛苦的自由，哪里有不曾妥协的成功。

清楚自己想要什么，想做什么样的人还远远不够，去了解这样的日子要付出怎样的代价，你想要成为的那个人都经历过什么样的生活。造就他们的和他们放弃的，你愿不愿意也作出同样的选择?

愿你落棋不悔，愿你终得所爱，即便这并不是一个人人都配拥有的结局。

按着你努力的节奏前行就好

妹妹去考驾照，最后一关笔试，进考场前，被一个奇葩女孩吸引。前去考试的人，大多数都气定神闲，就算脸上有惶恐之色，也比前几关镇定许多，都知道笔试相对来说，是比较简单的，而且少有突发状况发生，只要你平时多看会儿书，很容易过关。

但那个女孩一直拿着手机看测试题，急得直跺脚，说自己还一遍都没看完呢，怎么办怎么办啊？周围的人很是不解，亲，你连一遍都没看完，这么急着来考什么呀？女孩说，下周她要出差，赶紧把最后一关考了，才能安心上路，才能全力以赴做别的事。这个答案真的很有说服力，让所有人都无力以对。

进入考场后，别人都低头答题，女孩又开始急得跺脚，总是不停地嘀咕：哎呀，这一题怎么做啊？这一题我还没看过啊。当然，这种问题没人会理她，这场考试对她来说，简直是如坐针毡。

别人十分钟交卷，她做了半个小时，被教练催了又催，才终于垂头丧气地交卷。考试结果可想而知，五十题有一半不会做，不但她自己难过，连教练都气得大吼："没学好急着考什么？考不过耽误你时间，也耽误我时间！"

跟那个女孩的急促相反，妹妹为这场笔试准备了足足半个月的时间。刚开始也有很多人催她，笔试简单得要命，赶紧考了心静。妹妹想，不行，怎么都得把题目多看几遍，这事儿不能靠碰运气。准备不充足，很有可能考不过，补考又花钱又要浪费更多时间，还不如晚点考，一次考过呢。

结果，妹妹因为准备充分，考试顺利通过，而那个女孩，因为太急，在考场上出尽洋相，自信心大打折扣，心情大受影响，还得准备补考。本来很简单的一件事，这么一折腾，真真弄得人身心俱疲。

去参加一个笔会，发现大多数长期俯案写作的人，都有或多或少的肩椎问题。只有一个女孩例外，人家背挺得笔直，身材曲线完美，肩椎腰椎的问题更是一点没有。羡慕得一众女孩直流口水，连夜跑到宾馆房间里请教。

她人倒是特别热心，教了我们几招简单的锻炼方法，说只要每天晚上坚持练个半小时，肩椎腰椎等问题都不再是问题。我们像捡了宝似的，欣欣然地赶紧练起。其中有一个动作是舞蹈基本功里的趴青蛙，就是像青蛙一样趴在地上，据说能促进下身血液循环，对身体很有好处。

这个静态的动作要维持好久，我一边趴着，一边就得意说："这个动作好，我可以一边练习一边用手机看书。"另一个女孩赶紧附和："对对对，我也会这样。"而我们心有灵犀一起想到这个点子的原因，是因为我们都觉得时间不够用啊，每一分钟都很紧迫，一分一秒都不能放过。

"老师"被我们逗乐了，继而坚决反对："锻炼时必须全神贯注，一心二用会让锻炼效果大打折扣。"为了让我们记得深刻，她还无私奉献了自己走过的弯路。曾经她跟我们一样，一分一秒都不愿耽误，每天都大量地写稿，结果，肩椎出了严重的问题，没办法再坐在电脑前，写作一度中止，后来想到去学跳舞。跳着跳着，不但肩椎好了，还跳出了不少成绩。现在，她每天晚上都会坚持锻炼一小时，不管多忙，这一个小时，都完完全全属于跳舞。

每天晚上浪费一个小时，在我们这种争分夺秒的人看来简直是天大的罪孽，但结果是，人家美得让人自惭形秽，而且身体没有任何问题，连续工作多久都没问题。而我们，连半小时都急得不行，结果，身体到处亮红灯，多工作半小时就会浑身不舒服，肩椎严重时甚至几天不能工作，整体算下来，真是一笔很不划算的账。

在这个一切都讲究快节奏的时代，很多人都急吼吼地往前冲，生怕落于人后。但是，急有什么用呢？并非越急效率越高，有时候恰恰相反，越急，反而会把事情做得越糟糕，越急，把自己弄得越累。

想要提高效率，最好的方法，其实是不紧不慢，全力以赴地一件件攻克，即使花的时间多一点，付出的心血多一点，只要能做好，达到该有的效果，你就是在快速前进。相反，因为太急，把事情弄得一团糟，看似很努力，看似在快速前进，其实是一种退步，只会拖得你心力交瘁，让你忙忙碌碌却收效甚微。

现在很多人叫太忙太累，其实很多问题，都是因为太急着赶路造成的。

所以，亲爱的，即使身边所有人都急不可耐地往前冲，你也要稳稳当当，一步一步慢慢走。

让你的能力配得上你的欲望

《迷城》里面有个片段，佟丽娅扮演的女主角说："我对爱情的要求，就是找个男人照顾我爱我一辈子。"然后，古天乐扮演的男主角就呵呵了——你能明白，那是一个经历丰富的男人对这个女人共有的浅显梦想由衷的不屑，笑完之后，僵着脸说："长期饭票难找啊。"

果然，电影里的佟丽娅因为开了男友的玛莎拉蒂，拿了男友的一箱子钱被追杀得亡命天涯，他们稀薄的爱情，早已换成了卧室里面貌相似的另外一个女人。

我把这个片段讲给坐在我对面的姑娘听，因为她刚刚的问题问得我很错愕，她说：筱懿姐，你看我是不是不该再升职了？再升上去，太优秀了，职位和薪水让男人望而却步，真成剩斗士了。

我这么优雅的人差点大庭广众呸她一口：这是什么逻辑？就算成了剩斗士，你还有职位和钱，至少能过；为了没有影子的男人不再向前，男人没来，职位和钱也没有，你的生活又剩什么呢？

她眨巴眨巴眼睛，说：你没看见那么多优秀的女人都单身？

我也很认真地说：我看到这个世界上最优秀的女人都有人爱——德国总理默克尔有个爱她的量子化学家丈夫，杨澜一家四口很幸福，王菲嫁了两次而小她11岁的谢霆锋依旧爱，刘若英45岁生了孩子出了书——再优秀的女人都会有敢爱她的男人，可是，很一般的女人身边，还真不一定有愿意屈尊娶她的男人。

她垂死挣扎地问：那么，我为什么没有男朋友？

我叹了口气：你要听实话？因为你拥有不多，却想要太多；没那么优秀，却心比天高，找你当女朋友，性价比不高——男人也不是傻子。

这句话彻底得罪了她，以至于她到现在都没有理我。

我不知道多少女孩和我的这位小女友一样，把单身的原因归咎于“太优秀”，甚至觉得“太优秀”的女人都被剩着，于是，不敢“再优秀”下去，生怕“优秀”闪瞎男人的眼之后自愧不如落荒而逃，让貌美如花的自己落了单。

说真的，她真是想多了，我不太愿意用“硬件”或者“条件”或者“性价比”这样的词汇形容任何一个女孩，可是，假如这种比喻更加直观便于理解，就姑且用一次吧——在我的价值观里，她只是“比较优秀”而已，年薪三十万元即将升总监的30岁姑娘，面目清秀，二线城市小康之家出身，祖上三辈都没有含过金钥匙，可是，我很清楚她对男人的要求，她的目标是找到一个年薪六十万元年龄40岁以下的男人，车房俱备，父母亲善，祖上三代没有凤凰男历史。

我认识一些符合她开列条件的男人，但是，他们又为什么要娶她呢？这样的男人择偶标准通常有三个：

第一，和最优秀的女人在一起，类似《纸牌屋》里的克莱尔，或者比尔·盖茨身边的梅琳达，他们是恋人，是拍档，是夫妻，是伴侣，是事业合伙人，也是生活同行者；

第二，和最具母性特点的女人在一起，阳刚与阴柔互补，她们温和贤淑，有些还很好看，妥帖照顾家庭抚育子女，像后方稳定的补给线，让在生活前线搏击的男人踏实心安，具体案例，可以参考百度人物“个人生活”栏。

第三，和最年轻美貌的女人在一起，男人无论20岁还是80岁，从动物本性上说，最爱的都是20岁的漂亮姑娘，这不是秘密，所以，像拉里金、唐纳德·川普、谢贤之类条件具备还折腾得动的男人，身边都站着个小娇妻。

但是我的小女友，她显然既不是最优秀的，也不是最母性的，还不是最漂亮的，她优秀的指数到不了最高level，却要求一个最高level的男人，她把自己拥有的每一样才艺、财富、情感，都明码标了价，指望有一个好买家，可是价格标得有点虚高，和她交往过的男朋友心累，就像看到一个不够诚实的售楼顾问，把三环的毛坯房卖到了CBD精装公寓的价格。

不是你不好，而是你不足够好；不是优秀的女人没人爱，而是自以为优秀却“性价比”不高的女人没人爱。

还记得那则著名的华尔街征婚帖吗？

年轻漂亮的美国女孩在金融版上问：我怎样才能嫁给有条件好的男人？

“本人25岁，非常漂亮，谈吐文雅，有品位，想嫁给年薪50万美元的人。你也许会说贪心，但在纽约年薪100万美元才算是中产，本人的要求其实并不高。想请教各位一个问题：怎样才能嫁给你们这样的有钱人？我约会过的人中，最有钱的年薪也不过25万美元。”

——波尔斯女士

然后，一位华尔街的金融家回复了她：

“亲爱的波尔斯：让我以一个投资专家的身份，对你的处境作一个分析，我年薪超过50万元，符合你的择偶标准。从生意人的角度来看，跟你结婚是一个糟糕的经营决策，你说的其实是一笔简单的‘财’‘貌’交易，但是，这里有个致命的问题，你的美貌会消失，但我的钱却不会无缘无故减少，事实上，我的收入可能会逐年增加，但你不可能一年比一年漂亮，从经济学的角度讲，我是增值资产，你是贬值资产。

用华尔街术语说，每笔交易都有一个仓位，跟你交往属于‘交易仓位’，一旦价值下跌就要立即抛售，而不宜长期持有，也就是你想要的婚姻。听起来很残忍，但是年薪能超过50万美元的人，都不是傻瓜，因此我们不会跟你结婚。

所以，我奉劝你不要苦苦寻找嫁给有钱人的秘方，你倒可以想办法把自己变成一个年薪50万美元的人，这比你碰到一个有钱的傻瓜可能性更大。”

——罗波·坎贝尔(J.P摩根银行多种产业投资顾问)

亦舒说，美貌的最高级别是明明很美，却不觉得自己美。

那么优秀的最高级别呢？或许是明明非常出色，却不把自己的出色太当回事儿。

可是，这样的人太少，生活中最多的是分明没有那么好看，却用美颜相机修了图，还固执地认为自己本来就那么美；以及，分明没有那么突出，却把周围人都想矮了觉得自己确实艺高人胆大。

所以，不用担心优秀的女人没有人敢爱，人在没有达到一定高度和层面的时候，千万不要为与你无关的事情操太多的心，就像天安门边上几十万元一平方米的房子一定有人买，只是买家不是你而已。

上个礼拜，我们在苏州举行读者会，现场一个姑娘的话给了我特别大的触动：“我依靠自己的努力达到了财务自由，我对另一半没有太多要求，因为我不再需要一个男人给我房子，我只需要和一个男人一起建立一个家。”

多棒啊。

好姑娘，请先谋生，再谋爱。

走到你力所能及的最高处、最远处，你会发现，那里的天地和空气与你的起点和中途完全不同，你的想法和观念也比初始有了巨大改变，当然，那里的男人或许也和现在你身边的那些不一样，他们敢爱敢欣赏特别优秀的女人。

希望我的小女友不再把我拉入黑名单，良药苦口，真话都不会太好听。

女人最大的问题或许是，拥有不多，却想要太多，以小博大的赢面毕竟是少数。

真正努力的人才不会事事想着去炫耀

第一次去她家是在一个夜里。她不在家。开门的是她妈妈。她笑盈盈地给我们递来拖鞋，说刚刚搞完卫生。屋里有两个孩子，甜甜地叫着外婆。屋里的灯光暖暖的，映出她的满面笑容。走了一天的路，疲惫的我们如沐春风。

她一边带着我们参观每一间屋子，一边热情地介绍房子的朝向，周边的便利，和早上几点钟能晒到太阳。跟其他屋主不同，她并不夸大其词。她说房子是她女儿的，她是不想卖的，只是东西太多，所以买了更大的。

我一边听着，一边走马观花。我没想过，自己还会再踏进这间房。因为，它确实超出了我们的预算。比起谈论房子，我其实更愿意聊点别的。她也真就跟我们聊点儿别的。她说她的女儿很忙，经常出差在外，自己带着两个小外甥是常住人士。她说的时候脸上溢满了幸福，没有半点抱怨，也不露丝毫疲态。

走的时候，我瞥了眼摆在架子上的香奈儿包包，心想：应该也算个有钱人，所以，都忙于赚钱，把孩子扔给了老人。

第二次踏进她的家门是白天。因为她说，多间屋子，可以实现我的书房梦。那就再去瞅一眼。

她还是不在家。阿姨(她的妈妈)让我们9：50过去，因为10点她要陪孩子们去上兴趣班。这一次我对阿姨的能干刮目相看。她不仅能买菜做饭搞卫生，还能唱歌跳舞陪孩子，孩子的英语班、美术班、绘本馆，都是她陪同的。她说，有时候自己带着孩子去，有时候，公司的车来接。

地板还是很干净。我们自觉地脱鞋进去。大大的阳台上有两根晾衣竿，挂满了衣服。阿姨说，这里风大，衣服很容易干。

我在赞赏阿姨的能干和乐观的同时，都有点埋怨孩子的妈妈了。

见到孩子的妈妈是在另一个晚上。阿姨打电话给我们，说如果真喜欢这房子，可以跟她女儿当面谈谈。

我们先到。不多久，她来了，穿休闲服，黑色直发。她说，刚从台湾回来，没吃饭，所以晚了点。呵，比我想象的年轻多了。我有点汗颜，我一直以为，阿姨的女儿，起码得四十岁了。

她坐我旁边，一边逗着孩子玩，一边跟我们谈。孩子亲昵地依偎着妈妈，时不时问些小问题，她都停下来细声解说。一旁的阿姨，看着另一个跑来跑去的孩子，从未插话。在这里，你会觉得买卖也充满温情。或者说，生活不是买卖，但买卖是为了生活。几百万元的交易，也并不算什么。

她降了几次，我们增了几次，最后就这么谈成了。

其实，整个过程里我们谈得更多的是其他。比方说，她爱买包包(老板给她打工资都是说：钱到了一笔，快去买包吧)。爱旅游。爱美食。爱跑步。比方说，为孩子报的英语班和购买的国际保险。她的青春和快乐感染着我们。我丝毫想不到这个一边谈话一边摸着自己发梢的小女生，竟是一个8岁和一个5岁的孩子的妈妈。

合同签好后，我们说再去看看房子。她欣然应允。路上，她跟中介说，其实，我想卖的是隔壁那套小点的，只是租给了人还没到期。另外，奥园的别墅也帮我放放吧，放1000万元。……我这个人就是爱玩，不想给自己压力。

说实话，探寻人家到底多有钱，我觉得很不礼貌。我只是在言谈和观察中捕捉到一些信息：她是很有钱的人。

屋里那些被她说成“都不要了吧”的家具家电，根本不是我们平时在超市看到的那般。曾被我们引以为傲的某“一晚一度电”的空调都根本拿不上台面。

我是一个完美主义者。楼下的河涌一直是我的心结。我喜欢的是青山绿水，有点地方种种花，有点空间喝喝茶，然后呢，能坐在阳台晒晒下午的太阳。在这里，这几项似乎都不太具备。

但是，我最后还是决定住进这儿来，而且是百分百满意度。事后想来，除了书房梦，还有一个吸引我的地方，那就是屋里洋溢着的美好气息。这大概也正是他们成为有钱人的秘诀。

我不是唯钱是从的人。但是，我想把这种气息总结出来，没准儿，有人受到了启发变成了有钱人呢？至少，我们都可以成为充满这种气息的人。

我们很多人有了孩子，家里开始一团糟。个个忙碌得唉声叹气。可是，常年照看两个孩子，还要操持家务的阿姨，从未抱怨过辛苦劳累。她总是笑盈盈的。她让我加她微信，跟我说，她的很多朋友都是二三十岁的人。我后来加了她的微信，时不时地会看到她发的动态，有时候是陪孩子们在绘本馆，有时候是孩子在打跆拳道，有时候是出去旅游，赏美景尝美食，也有的时候是在朋友家穿个新疆服化个妆来拍个照——总之，满满的全是正能量。——这种气息姑且叫“乐观”吧。

几百万元的买卖，按理说，坐在一旁的亲人总会插几句嘴，可她的母亲从容淡定，只是好生看着孩子。而她的老公，全程都没下过楼，就在家里陪孩子看书。我们去了屋里，也不起身，不掺和。也许，你会说因为他们有钱。但是，我想说，一定有比他们更有钱的人，比他们要精明吝啬，争执不和。一家人一起生活，如同一盘棋，各有各的位置和空间，各有各的权责和路线，最终呢，是在同一个棋盘上演绎着精彩的人生。——这种气息我把它叫作“和谐”。

我们看房的过程，都是阿姨陪同，可以做主的阿姨都做了主，女儿回来后也未曾反驳过妈妈。我们和她谈话的全过程，她做主，她的妈妈并未表现任何异议。谈的最后，她给他的老公打了个电话，她说，得问下家里的人。一家人，给彼此留空间，却又不是没底线。——这种气息叫什么呢？“尊重”。

她告诉我，她喜欢跑步。围着小区跑四圈就是两千米。——我喜欢运动的人。持之以恒运动的人更让我觉得了不起。而这么一个人还是两个孩子的妈！——这种气息，是“向上”。

我和她互加了微信。因此，我更多地了解了这位“辣妈”：她爱瑜伽，能劈出笔直的一字；她并不刷朋友圈，但也会隔段时间发一两条信息，和孩子的合影，新到一个地点开始或结束一段工作，或者和女性朋友的旅行，美景，美食。我曾经写过一篇文章《当妈后的病，也得文艺才能治》，她，虽然当了两个孩子的妈，但却从未得过这种叫作当妈的病。——这种气息应该叫“不失去自我”吧。一家人如同苍穹的星空，每一个又都是闪耀的星星。

你看我的叙述，会以为她是靠炒房子发家的。事实是，房子只是她的第二产业。她的第一产业是她的工作。她有一份家族产业，这是属于她的天时地利。至于“人和”，这便是她的个人能力。她无疑是胜任这份工作，甚至算得上是出色的。她的英文很好。她的见识和胆魄不错。她为人豪爽讨喜。……就在我们大部分人不曾想过未来的今天，她却已经为孩子买了国际化的保险。——这种气息叫什么呢？“竞争力”。

她不张扬，不炫富。她的一切信息都是我敏锐地捕捉到的。这个年代，大家都在炫富，似乎越炫越有底气。有人买个新手机，要炫一下。有人买个包，要炫一下。红十字会的人在炫，“干女儿”们在炫，邻家大妈也在炫。可是人家真富的，不炫。炫什么呢？炫生活，炫快乐。那种一看她的微信就能感到的快乐，扑面而来。——这种气息，叫“低调”。这低调不是装的，是发自内心甚至不自觉的。

他们卖的这套房子，只住了两年。买的时候贵，加上缴税，折算一下，并未赚什么钱。她就一句话，可卖可不卖，我只是不想给自己太大压力，我喜欢出去玩。——呵，生活的本真是什么呢？是你拥有很多很多房，还是拥有很多很多钱呢？这种气息，叫作懂生活。

你积极向上爱运动吗？你懂得尊重家里的每一个成员吗？你有自我的空间吗？你乐观低调热爱生活吗？……我可不是搞盲目崇拜，这是我花了几百万元(毕生积蓄加贷款)才买到的学习机会，并用心参悟到的。虽是皮毛，也算是秘诀了吧。

你的每一分努力，时光都不会辜负

嗨！亲爱的办公室新鲜人小姑娘：

就在刚才，在洗手间里，我听出了在隔间里伤心哭泣的人是你。回到我的办公室，面对电脑上瞬间涌入的十多封邮件，我突然发现即使最好的现磨蓝山咖啡也无法让自己平静下来，于是我开始给你写这封信。

我知道在你的眼中，我忙碌得要发疯，又无趣得的要死，所以我写这封信你一定吃惊之极，但是我写了，因为我并不真的那么忙，也不无趣。

我想今天对你来说，一定是很艰难的一天。早上，你红着眼睛来上班，我知道你一定又和男朋友吵架了。上午你接了一个电话，脸色立刻黯淡了，是房东要涨房租。度过了这样的半天，也就难怪在下午的会议上，你做幻灯演示的时候语无伦次，以尴尬的沉默告终。接着，在我要上周就交给你做的报表，而你说你还没做好的时候，我板着脸告诉你，如果你不搞明白什么事情是不能拖的，后果将十分严重。

然后我就去忙自己的了。你也许没注意到，我也有自己的上司，如何让他满意是我每一天最头疼的问题。直到我在洗手间里听见你的哭泣，我才又想起你来。你哭泣的声音还那么的稚嫩，于是我一下子想起了，你今年才二十三岁。

二十三岁时候的我自己是什么样子？碰巧，在我记忆中最清晰的也是一次哭泣。那天我现在的老公，当时的男朋友和我在电话里分手，我独自去火锅店吃了一大锅毛血旺，接着发现我的皮包被偷了，所有的生活费和银行卡都在里面。刚从警察局立案出来，我接到了大学同学的电话，邀请我去喝她的喜酒。然后，说是因为心疼红包有点丢脸，但是在当时那确实是骆驼身上的最后一根稻草——我就那样在冬日的街头上，不顾过往行人诧异的目光，放声大哭。

也许生活要让每一个女孩都从一场痛哭开始，了解它玫瑰面纱背后的真面目。而每一个女孩，在生命中的某个时刻，都会被这样的严酷恐吓得失去斗志。但是亲爱的小姑娘，我向你保证，人这一辈子的幸福与苦难，绝对都在你的承受范围以内。生活比你还要了解你自己，它可狡猾了，它给你的苦涩，永远让你失望而又不至绝望。而给你的甜蜜，永远让你浅尝辄止而充满想头。总而言之，It sucks，but you will love it。

人在二十多岁的时候，总是愿意相信一句话：生活在别处。你们很轻易地放弃一份工作，很轻易地放弃一段爱情，很轻易地放弃一个朋友，莫不是因为这种相信。可惜人要到很久之后才能明白，这世上并不存在传说中的“别处”。你所拥有的，也不过是你手上的这些。而你兜兜转转最终得到的，也不过是你在第一个站台错过的。

所以小姑娘，我要对你说出今天的第一句忠告：好好工作。工作是一切并非天生公主的女孩成为女王唯一的方式。工作是一切自由幻觉中最接近现实的一种。更重要的是，工作帮助一个女人学会怎样爱自己，然后你才能好好地爱这个世界，爱别人，以及被爱。

我知道，在你的眼里，三十多岁的女人已经老得如同隔夜菜了。四十多岁的女人就可以去死了。没关系，我不介意，因为我自己二十出头的时候也是这样想的。让我再告诉你一句话：比老去更可怕的是老了老了，还没在社会上找到自己的位置。所以亲爱的小姑娘啊，你得加紧了，否则你一回首已是三十岁之身。

现在的你，距离一个成熟、专业的职业女性，还差得很远。

你看，当你穿着泡泡纱公主裙来上班，或者在我和你谈话的时候顺手抓起一个文件夹支着下巴，作为一个女人及一个妈妈来说，我觉得你十分可爱，可是下一次我考虑下属升职的时候，可能我无法选择你。

我不需要你下班后加班，小姑娘，我也不需要你在我走近的一刹那赶紧把QQ页面关掉。我们这儿是外企，一切都是结果导向，苦劳不计入分数。但我还是劝你，不妨用功一点。一个人的时间用在哪里是看得出来的。别跟着那些老男人、小男人抱怨社会，你改变不了社会，也不可能重新选一个爸爸，对不对？你能改变的只有你自己。

但你也不是真的干得那么坏。怎么，你有这种感觉吗？哦Sorry，那可能是我有意为之的。事实上当你在会议上颤抖着声音阐述你的新模型的时候，会议室里的那一片死寂代表的并不是不屑，而是震惊。因为长江后浪推前浪，我们这些前浪害怕死在沙滩上。所以我们当然不能让你发现我们被推倒了。

现在，让我们聊一聊爱情。鉴于我们都是异性恋，我们姑且把这一点简称为：男人。我二十三岁的那年错爱了一个不值得的男人，导致了我和现在的老公，当时的男朋友的分手。还好后来我又有一个机会回头。

而你，亲爱的小姑娘，我不得不说，你分明也在一场错爱之中。这一点我从你红着眼睛来上班的次数就可以知道。

不过没关系，每一个女孩的二十三岁如果不浪费在错爱之中，简直就是一种浪费。过一段时间，你一定会像当年的我那样明白过来：爱情，归根结底是为了快乐。虽然现在有一个流行的词叫作“虐恋”，但生活不是电视连续剧，和Mr.Wrong一味纠缠下去也拿不到片酬。

其实大多数男人都不懂得，虽然自古有“男人不坏，女人不爱”之类的废话，但是泡妞还就得靠诚意。女人的心灵结构是这样的：最外面的一层属于没有希望的追求者带给我们的小心动；中间的一层属于会伤我们心的坏男人；但是最深刻、最珍贵的心灵角落，永远只属于那个能让你真真切切地感受到爱的男人。

我说得对吗？仔细地感受一下你的现任男友，他伤过你的心很多次，但你在流泪的同时又隐隐觉得，其实他并未触碰到你心深处，那最细腻敏感的地方。别怀疑，你值得更好的。如果将你比喻成《阿凡达》中的伊克拉，他根本从未完成过“连接”。

最后是金钱。恭喜你，你开始意识到钱的重要性了！请你非常清楚地明白这一点：在你大学毕业之前，生活不是不严酷，只是当时是你的父母在为你付账单。而现在，你进入社会了，你自觉地将许多欲望视为自己的责任了。

你毕业于不错的大学、不错的专业，口齿伶俐，相貌清秀，谢天谢地你还有个大胸！我觉得你真的可以算是非常幸运的女孩了，你觉得呢？其实我也觉得自己十分幸运能够以这样的薪水雇到这样的你，当然我不会告诉你的。等到你自己发现的那一天，我再适当地给你加一点薪水。

你是这样的幸运，你却羡慕我的房子，我的车，我的钻石耳钉。我都不知道你在羡慕些什么。我有的岁月都会带给你，而你有的我再也不会回去。你真的没有必要因为你的衣服不如别人，包包不是名牌，或者存款还不到五位数而觉得不安。因为我们每一个人都是这样过来的，再也没有比二十三岁的贫穷更理直气壮的事情了。

而相反，你不知道当你的年轻肌肤上带一点汗水，在我们这些老家伙的眼中是怎样千金难换的美好。

我不是说我羡慕你，因为我自己的二十岁过得足够耀眼。其实我喜欢现在的自己。我喜欢每一个阶段的自己。电视里常常有女明星受访的时候这样说，别怀疑，是真的。在我像你一样二十多岁的时候，我就像一个没戴眼镜的近视眼，这个世界在我的眼前是混沌的，唯一清晰的只有我青春美丽的身体。

但现在，这个世界对我来说，很清楚。我眼前的路，我眼前的人，当然也包括你。

写到这里，我突然发现，如果我有机会回到十年前，我不会改变任何一件事情，因为我舍不得每一个选择带给我的回忆，即使并不完全是美好的。

所以，亲爱的小姑娘，虽然，生活在今天对于你来说，天是暗的，风是冷的，也许喝口凉水都会塞牙。但是，我多希望能让你了解，一切最终都会化为一个会心的微笑。请好好享受你的二十三岁，努力而不费力地，等待岁月为你揭晓的答案。

你看，生活总是令我们出其不意。你在洗手间里的一次哭泣，却让你的上司老女人理解了二十三岁时的她自己。为此，我要谢谢你。也同时决定了，我只会将这封信存在我的电脑硬盘上。因为你，亲爱的孩子，有权用你自己的方式成长。

你的上司老女人

你有责任让自己更好

大学读书时期，我认识了一位有趣的姑娘，直到现在记忆犹新。

姑娘高考失利又不肯复读，于是来到自考班学习。自考班学习紧，任务重，一个月后，姑娘受不了这种紧张感，没跟家人商量就擅自退了学。

那时网络才刚刚兴起，姑娘拿着学费在大学旁边的小区租了套房，然后掏尽所有的钱去科技市场淘了八台电脑，一个小小的网吧就这么成立了。

网吧的生意火爆程度可想而知，一年以后，姑娘的网吧已经颇具规模。四年后，她已经买了房，一个月近两万元的固定收入，远远甩开了我们这群初入职场的菜鸟。

但姑娘并没有因此停下脚步，她心思敏锐，擅于钻研，在学校附近开了奶茶店，2007年股市大热，姑娘以二十万元本金投资基金和股票，赚得盆满钵满，资产翻了几番。

聊天的时候，我感叹姑娘的远见卓识。引来她哈哈大笑，她说："哪有那么多远见，只不过我是一个没有安全感的人。"

姑娘只身来济南不是为求学，是为了离青梅竹马近一点。从幼儿园、小学、初中到高中，姑娘和男生一直在读同一所学校，然而，这样的同行在高考后发生了变故，男生拿到了山大的录取通知书，姑娘却名落孙山。男生的家庭条件不好，姑娘不堪学习压力，干脆拿出学费一心一意为他们的将来打拼。

曾经许诺非卿不娶的人最后单飞。姑娘还是笑："男人的心思太难捉摸，你笃定他离不开你，偏偏他就变了心，不过也没关系，男人可以是别人的，嫁值却是我自己的。”

有一位学妹，每晚雷打不动在女生宿舍里兜售生活用品，因为嘴甜价格实在，我们都习惯在她这里买东西。熟识之后，我们会闲聊几句，我才知道她还有几份兼职。

我看着她瘦弱的身板，跟她开玩笑：“干嘛这么拼命，难道很缺钱吗？”

学妹眯着眼睛笑：“我是爸妈捡来的孩子，家里条件不算好，我妈身体不好，我有手有脚早该养活自己了，能赚就多赚点，还能贴补家里。”

我问学妹有没有恋爱，她沉默了一下，然后摇了摇头。

“有过，不过很快又分了。他听说我将来要带着父母生活，嫌负担太重。”

“错过你这么好的姑娘，是他的损失。”我拍了拍她的肩膀。

学妹又笑眯了眼，“没什么，比起恋爱这件事儿，我还有更多重要的事儿要做。”

两位姑娘生活得都很拼，即使爱情以刻薄相欺。

朋友的朋友，哲学系女博士A，年纪轻轻就被确诊为红斑狼疮，医院给出的结论是：这孩子活不过十八岁。

医药费庞大，她的父母为此而离了婚。

然而，这姑娘并没有因为这样的天塌地裂表现出丝毫的悲伤，她总是笑嘻嘻的。那段母女相互扶持的最艰难时光我不得而知。我只知道，她刚过了28岁生日。

大四那年，她在美国做交换生，每天伏在电脑前写论文到凌晨两三点，她跟所有普通的留学生一样拼命，甚至比正常人更努力。在读研的第一天，她就拒绝了母亲微薄的退休金，利用空闲时间在公务员培训班做讲师的收入，来维持自己的生活和药物开支。

这位姑娘还时常开导自己的母亲去做些喜欢的事，而不是把精力用在她身上。生活被她安排得妥当又充实，母亲因为她的态度受到鼓舞，也逐渐开始放手去做自己喜欢的事，经常与同事搭伙旅行，与人结伴去跳舞，甚至还报名了插花艺术培训。

她说，“我不知道上天安排我哪天死掉，每天我都当最后一天来过，随便哪天挂掉我都不遗憾，我来了，我活过。”

闺蜜的女同事，是一位性格爽朗的四川妹子，人长得漂亮，工作也很拼命，工作几年就自己买了房。身边的同事调侃她，“只要你愿意，分分钟就能嫁土豪，何必这么辛苦。”

她笑一笑，不置可否。

公司的成员来来去去，身边的朋友陆续结婚，她买了车。

在闺蜜的婚宴上，我称赞她女王范。

“女人的幸福感就像分散投资，我不能将幸福全押在男人身上，与其在遇人不淑或者等不到人的时候自怨自怜，不如早做打算，自己低头努力，至少还有物质垫底。”她这么回复我。

嫁人凭天意，嫁值靠自己。姑娘们的未来如何姑且不论，仅凭这份即使手无寸铁，也要举刀而立的气魄，也值得尊重和鼓掌。

你看，新女性时代，越来越多的女性站出来宣言“比起嫁人这件事儿，我还有更多重要的事儿要做”。

生活不能尽如人意，我们无法选择自己的出身，却能让自己变得更好。也许，我不擅长厨艺，但是我对美食有乐于享受的心情；也许，我不是家务达人，但跟我在一起的人会感觉轻松自在；也许，我不会早早地要孩子，但我对世界依然保持孩子一般的探索和好奇心……婚姻也不再是女人追求自我价值唯一的目标，修炼嫁值却是热爱生活的我们必做的事。

女人的嫁值不是做饭，收拾，生孩子，而是自我人格魅力的提升，明亮温暖的笑容，善解人意的态度以及落落大方的谈吐，这种以自己喜欢的方式前行，让自己觉得幸福让他人觉得舒服的姿态，才值得你去努力。

当然，婚姻虽然不是女人的全部，但关于嫁人这件事儿，我不得不承认，有嫁值的姑娘，运气总不会太坏。

努力才不是一件让人心虚的事

网上有段时间特别流行一句话：“你晒什么说明你越缺什么。”

真相就是这么残酷。

事实上，我们周围有很多人执着于展示自己的努力，在社区里发帖打卡，积极在各种晚上训练营里做着“酱油侠”，因为你只是看起来很努力，所以你才晒得这么在意。

带着这样的真相，再去看看你的朋友圈。

如果有爱逛街的朋友发状态说：“为了赶文案忙了整个通宵，好累。”但事实的真相可能是，她下了班跟男朋友逛了逛街，吃了晚饭，又看了场电影，等回到家的时候已经深夜，才想起来写文案。

如果患拖延症的人发状态说：“这次的职场考试又挂掉了，我这么努力看书，为什么还这么苛待我？”但事实的真相可能是她日复一日刷了豆瓣刷微博，直到考试前一周才匆匆抱起书本囫囵吞枣地看了一遍书。

如果有学酥属性的人发状态说：“在图书馆泡了一个学期拼命读书，然而这并没有卵用，奖学金依旧拿不到手。”但事情的真相是，他确实在图书馆泡着埋头看书，不过是把东野圭谷的每本小说翻了个遍，与专业课扯不上关系。

既然你这么努力，你拼命晒什么努力？

既然你只是看上去很努力，你何必晒努力欺骗自己？

在每个女人都在叫嚣“要么瘦，要么死”的今天，慢小姐绝对是减肥道路上最漂亮的一胜，她身高164厘米，用了三个月的时间把65公斤的体重降到了48公斤，并且至今保持这个成果已经三年。

很多朋友或许对此不屑一顾，毕竟有人天生好命是易瘦体质，而有人抬抬下巴喝口风都会长二两。

但我会告诉你，她没在朋友圈里发过宏愿，也没在论坛发过鸡血打卡贴，只是每天严格遵守计划健身，少食，日复一日，无数个在你大快朵颐的时刻，她在跑步机上挥洒汗水，在你潇洒逛街消遣的时候，她在骑东安单车，在你忍不住喝饮料聊八卦的时候，她在研究饮食健康手里端着的永远是自备的温开水。你羡慕人家腰细臀翘手臂纤细，却不知她即使加班到很晚都不敢间断运动吗?

还有我曾经特别喜欢的自媒体大V，刚开始的时候以为他们更新的每篇内容轻而易举，无非是找些网上比较大热的文章然后去联系授权，然后找些适宜的图片做好排版就搞定了，原创咖则稍稍累一些，因为每天要更新一篇文章，但是更新的内容少啊！所以，一直以来，我印象中的自媒体就像网络里的机关单位，聊聊天喝喝茶，剩下的时间里坐等广告收入就可以了。

真正接触自媒体以后，加了各种群认识了很多人，才发现真相是很多人每天熬得眼睛干涩颈椎疼痛，起得比鸡早睡得比鸡晚，疲惫下班后的夜晚，吃饭喝水都在想选题，你洗漱好美美地躺在被窝里刷内容的时候，他熬夜赶着第二天的更新，你所看到的每日一篇的原创都是这么来的。

还有身边那些早早就升了职的同龄人，常常让人看着羡慕嫉妒恨，事实的真相也没有你想得那么阴暗和不公平，每一分你在人前的轻松如意，都源于背后的暗自努力。

退一步讲，你努力是你的事，你努力要成就的也是你自己，你百分之百的努力跟百分之一的人都扯不上关系。

我以前工作的公司曾同时招来两个姑娘，A很认真，日复一日处理着那些不厌其烦的琐事，每天总是最早一个到公司，当然走得也很晚。她不仅朴实勤奋，还是位心地善良的女生，待人接物充满了善意，又特别乐于助人，以至于总有同事喜欢将任务推给她。我却从不曾在她口中听到抱怨，也从来没有听到她在背后说别人一句不是。

她的桌子上贴满了“每天给自己一个微笑”“历经风雨才能见到彩虹”之类的励志标语，尽管这些听上去既庸俗又土气，她却非常相信这些话，并坚决以身体力行证明这些心灵鸡汤值得被信仰的绝对魅力。

B娇俏可爱会撒娇，没事就刷淘宝，若是领导没有明确指示她做哪些事儿，她眼里的工作就是没活可干的。

A后来去了公司福利最好的业务部，留在储运部的B一小时刷新了四五次微博，抱怨自己的努力与付出不成正比，努力抵抗不了好运气。

事实上，即使你精神上标配了“努力型”人格和“别人荒废时间时我在拼命”的风骨，可惜体质与精神配型不符，就别怪在一大堆真正努力的人群里分分钟被掩盖的事实。

既然是为了自己，请屏蔽掉一切“晒”努力的心虚行为吧，要知道努力是一件很深沉的事儿，标榜努力而不低头努力则是最差评的态度。

因为，真正努力证明自己的人是没有时间晒努力的！

“做想做的事，潇洒无畏地活着

当你努力去拼搏

像一朵浓烈的玫瑰华丽绽放时

你便不会再有时间去忐忑不安

当你顺从他人的旨意

拘泥在局促的生活中

你就会在自我怀疑中慢慢枯萎

生命不会和你开玩笑，你一定要对自己负责

[1]

这些年里，断断续续地总是会听到一些这样的新闻。

总是会觉得年纪还小，生活还很长，不幸和死亡离我们都很远，所以还是会尽情地做梦，肆意地畅想未来，甚至是肆无忌惮地熬夜。

小时候每天九点多睡觉，已经算是熬夜了，每天七八点吃完饭就开始进入睡梦，到了高中，学业稍重，可能会晚一点，而到了大学甚至工作以后，九十点睡觉会觉得有点不正常，不到凌晨，生命似乎就不太丰满了。

我是一个比较嗜睡的人，但是现在也是每天要到12点多。

似乎每天的事情只要到这个点才算忙好，也只有到了这个点，才算认真拼命地为梦想做出了努力。

也有人说，熬夜只是为了和自己待会。

不能否定，深夜里没有人聊天，也没有白天的喧嚣，这时候才真的是一个人最能静下心来的时候，也是和自己对话的好时机。

但是，熬夜是会上瘾的，就跟抽烟、喝酒一样，很难戒掉。一旦剥离了身体，就会觉得浑身不自在。不到一个固定的点，总是会觉得不对劲，甚至会觉得是对生命的浪费。

可是肆无忌惮地消耗身体，才是对自己最大的不爱惜，也是对父母最大

的不孝顺。

[2]

现在的年轻人或多或少地都熬过几个夜，前几天跟朋友说，还没有熬过通宵，很想试试。

朋友就一脸鄙夷了，“你看你年纪都这么大了，居然还没有通宵过！！”

这时候我应该是觉得幸福的，因为幸福的人应该都不会晚睡呀，不需要想太多，也不用受失眠的困扰到天明，多多少少是很幸福的，就像婴幼儿，除了吃奶，基本上都是睡眠很充足的。

晚晚睡眠质量越差，睡眠时间越少的人，总是会有大大小小的问题，完不成的工作，有一个等着说晚安的人，或者是熬夜成瘾，身体很疲惫，但是脑子却很清醒的人。

不管是哪一种，都不是特别让人羡慕。

我们应该听过最多的几句谎话，听过之后都是笑笑不说话，其中第一大谎言莫过于“今天我一定要早睡”，这句就和“我要开始减肥”一样不可信。

往往习惯了晚睡熬夜的人，都像是吸毒患者，说得很好听，但是身体却很城市，即使是躺倒了床上，也能刷手机到凌晨，自己说的要早睡，最后自己都只能笑笑。

也有一些人是为了工作，可能是某一次熬夜到很晚，工作效率出奇的高，然后就会把一些需要独处时候来完成的工作留到晚上，所以每天晚上越来越晚睡，甚至会因为熬了一个又一个的夜而感到自豪，似乎这样，离梦想更近了几步。

这都没有不好，年轻人嘛，熬几个夜算不了什么。

可是可怕的是，哪一天，突然早睡了，你会觉得满满的负罪感，会觉得这样的早睡是对生命的浪费，好像不熬到深夜就是对梦想最大的亵渎。

很多时候我们也会不太愿意太早睡觉，因为睡觉了就是一天的结束，结束总是一件特别需要仪式感的事情。

而我们很多时候还放不下手机，关不掉电脑，放不下手头的工作，很多时候哪怕事情都做好了，却依然不满足，所以就没有勇气和今天的自己说：再见。

所以很多时候，当人们遇到变故了，都是试图睡一觉，因为睡一觉什么都过去，所有的伤痛都是可以忘记的。

[3]

“三十岁以前，我们是在用身体换钱，三十岁以后，我们用钱换身体，可是我害怕我活不到四十岁。”

特别心酸的一段话，但是却又是非常真实的。我们现在谁又不是在仗着自己年轻，身体好，禁得住一晚又一晚的熬夜。

虽然脸上长痘痘了，但是没几天就消了；虽然开始大把地掉头发了，但是痴人多发，哪里能掉得完呢；虽然白天很累，但是晚上工作效率真的很高啊。

不知道你有没有过这样的想法，但是这些只是很轻的熬夜带来的伤害，似乎往往不是特别严重的伤害，是我们自己可以感觉到，而真正的伤害却是你不能感觉到，只是潜移默化地在吞噬你的身体。

晚上十一点开始就是身体在排毒了，你不要小看你晚睡的几个小时，它完全可以摧毁你的身体。

我们都是在努力工作，在未来拼搏，这世上穷人是不配谈梦想的，所以我们需要付出更多去挣更多的钱。

是啊，这些真的都是天经地义，可是现在挣的钱，可以付得起未来住在医院里的医药费吗？

甚至是你能活到你家财万贯的时候吗？

如果你自己不能保证，不能拍着胸脯保证的话，那你就不要把所有的梦想都放在晚上，它真的太重了，没人可以给你保证夜就能实现你的梦想。

看到微博上给我的主食，这些的时候我心里是害怕的，然后会看看自己身上有没有这样的征兆，就周西演讲中提到的，小腹胀痛也可能是癌症的一种征兆的时候，我也开始怀疑我是不是也有过小腹胀痛这样的情况。

人都是这样，没有一张诊断书放在面前说，“你再熬夜就等着死”的时候都还是不能下定决心去戒掉熬夜的毛病，所以我们深谙熬夜的损耗之大，却不会停止对自己身体的伤害。

[4]

“这一年我几乎没有在当天睡着过，每天熬夜一点两点甚至是三点，每天好像都放不下我的手机，关不掉我的电脑，丢不了我的工作。”

这应该是很多人的常态，工作上瘾，熬夜上瘾，真的很多事情做多了，就是特别容易上瘾，而且还很难戒掉。

但是实现梦想的前提就是需要好好活着啊，只有身体健康才能去挣更多的钱，去更多的地方，然后给父母最好的疼爱。

可是哪一天，你出现意外了，你的父母怎么办，你永远不知道，当他们对你的疼痛束手无策的时候是有多无奈。

所以不管你的梦想有多大，不管工作有多忙，都不要拿自己的生命开玩笑。

我们不知道未来和意外哪个先来，但是我们一定要尽可能地保护好自己的身体，不要让自己不必要的意外来到你的身边，不要让爱自己的人束手无策，陷入无尽的绝望里。

我们对未来还有那么多的期待，对人生还有那么多的规划，但是生命不会和你开玩笑，你一定要对自己的生命负责。

生命里没有如果，只有后果和结果，所以不要熬夜了。早睡早起也可以给你的梦想带来不一样的惊喜。

不要焦虑，你会长成自己喜欢的样子

[1]

我的朋友铃铛，长相和条件都不错，在二十出头的年华里，爱上了一个男生。彼时，我们都是如花年纪，基本单身，纷纷嚷着要见一见，替她把把关。

铃铛面露难色，最终还是答应了我们的要求。

然而，这次见面我们每个人的感觉都相当不好。举个例子，铃铛把菜单递给我们，示意每人都点自己喜欢吃的菜，我们很有默契地每人点了一个菜。

然后把菜单递还给铃铛他们，铃铛也点好自己爱吃的菜，把菜单给了男友。那男生扫了一眼我们点的菜，毫不犹豫就把其中两个菜划掉，一口气点了自己喜欢的三四个菜。

铃铛小声提醒他："每个人都点自己喜欢吃的菜，你点自己喜欢的就好，干吗把人家喜欢的划掉啊？"

男生皱着眉头说："这两个菜是我最讨厌的，看见它们我就吃不下饭。"

铃铛好声好气地说："那你不吃这两个就可以了，这样换掉多不好。"

男生的脸顿时拉得老长。

我们赶紧打圆场说不要紧，随便吃什么都可以，心里却纷纷对这个男生打了一个大叉叉。

事后，铃铛对我们解释道：“你们别怪他，他家就他一个孩子，全家都特别宠他，所以他比较自我，脾气就像个孩子一样，不成熟，再过几年就会好的。”

[2]

还有一次，我和几个闺蜜去逛街，曾在商场里目睹这样一幕：铃铛看上了一款早春碎花裙子，兴奋地问男友怎么样，男生满脸嫌弃地说，村姑才穿这样的裙子，土得掉渣，营业员不高兴了，说这是我们今年的新款，卖得特别好。

铃铛非常喜欢这款裙子，就哄男友说穿到身上就会好的。男生白了她一眼说你要喜欢就自己买，反正我是不会掏钱的。铃铛委屈地解释说，我没想过要你掏钱啊！男生撇撇嘴说那最好。

我们纷纷劝她，这个男人太不尊重你了，要不咱再考虑一下？

铃铛苦笑道：“他就是情商低，本性不坏的，都是被他家人宠坏的，等毕业工作后就会好的。”

我们不忍心她跟这样一个男人在一起，继续劝她，天下好男人多得是，何必给他当另一个妈呢！

铃铛却很认真地对我们说，其实有时候，他对自己也蛮好的，我们不知道而已，她愿意给他时间，等他心智成熟的那一天，就算最后没能如愿，她也不怨任何人，谁的感情永远一帆风顺，谁的一生不曾受过伤害呢？

看着她固执的样子，我们知道她陷在爱情里，谁的话都听不进去的。

铃铛还是爱着这个男生，但是，我们谁都看得出来，她不快乐，脸上的笑容越来越少，和我们的联系也越来越少。偶尔约她，她都说有事走不开，渐渐地，我们也不再约她了。

大概是两年后，有一天铃铛突然给我们群发消息，约我们喝茶。

见到她的那一刻，她不好意思地看着我们："姐们，我和他分手了，你们还愿意再接受我，加入你们吗？"

铃铛说，这两年来，男生一点点改变都没有，经常让她寒到恍如置身于冰天雪地之中，再热的心，也渐渐凉了，痛定思痛，终于受不了选择了分手。

我们纷纷安慰她，放下不好的，才会遇见好的，就当是吃一堑，长一智吧！

铃铛用力地点点头："对，能够从伤害中成长，那也不失为一种收获。"

[3]

但，铃铛第二个男朋友，依然重蹈覆辙，自私小气到令人发指。这段经历，是铃铛分手后才告诉我们的，用她的话说，从两人恋爱到分手，对方连一片白菜叶子都没有送给她过，她知道男人家境不好，小时候穷怕了，所以对金钱表现出狂热的追求，但她并不是爱慕虚荣的女人，就算是一盒小小的巧克力也好啊！

而最终促使她做出分手决定的是，有一天晚上，她肚子痛得厉害，打电话给男友，希望他给自己送药或者带自己去医院，可男人说："我已经睡下了，肚子痛你喝点热水就好了。"

那一刻，她心冷如铁，从此再也没有联系过对方。

两次感情失败后，铃铛辞职去了别的城市，我们之间的联系，渐渐只剩下节假日的问候，只是偶尔得知，她一直都没有开始新的恋情。

但上个月的一天晚上，她突然打电话给我："亲爱的，我刚刚看到你的一篇文章，《当你拥有智慧与见识时，你根本不会爱上人渣》，写得太好了。"

然后，我们整整聊了一小时，铃铛说这些年一直都在看书、学习，有很多新的感悟。

她说，原本一直都认为，伤害没什么大不了，只要能从伤害中成长，那就是一笔宝贵的财富，可是现在完全不这么想了。

能从伤害中成长，这是一件好事，起码比受到伤害，还原地踏步要强得多。可是，这样的成长代价太大，若内心脆弱一点，也许就会一蹶不振，而它所带来的成长也相当有限，若每一次成长都源于一次伤害，人生得经历多少次伤害，才能成为自己想要的人。

真正的快速成长，绝不是来自伤害，而是学习、反思、觉悟，如果不懂这些，受再多伤害也不会成长，只不过是不断重复犯错而已。

铃铛说过完年，就三十岁了，虽然依然单身，但已不再为年纪所困，也不再变得焦虑，只想在未来的岁月里，成为自己喜欢的人。

[4]

这些年来，我结识过很多深具智慧的人，她们在事业和婚姻上都幸福美满，睿智得令人惊叹，她们看待事物的视角与普通姑娘不同，她们提出的见解独到得令人叫绝。

她们比一般人更能一眼看透事物的本质，也更能预见事情的发展，可是再了解下去，就会发现这些人大多都不是被伤害后，才成长为见识卓绝的人，而是她们都是超级爱学习，爱思考的人，她们从来不是一头扎进一件事中，眼中再无其他的小女子，更不会天真到自欺欺人，只相信自己愿意相信的事实，她们的眼界和智慧，绝不输给任何优秀的男人。

前两天，听到一位姑娘跟我抱怨这个社会太黑暗，人性太复杂，自己经常被人算计，防不胜防，感觉活着都是件不容易的事。

我多想告诉她，如果可以，请静下心来好好学习，仔细观察身边发生的每一件事，也许，你会发现很多事情，早就可以一目了然。

亲爱的，我希望如果有一天，当我们成为智慧满满、内心强大的人时，不是因为我们被伤得体无完肤后的绝地重生，也不是因为我们经历过别人所没经历的痛苦，而是因为我们在普通平凡的生活里，用自己的努力，早早就具备了洞察力和卓绝的悟性，能够从别人的故事里看清规律，从别人的经验中悟出自己的道理，随着岁月，告别那个懵懂迷茫的自己，成为一个通透睿智的人。

别忘了完善你的技能包

[1]

周末和Emily去书店，书店的二层好像正在举行一个讲座，我好奇，非要拉着Emily去看看。

说是讲座，倒不如说是一个分享会更加恰当，主题叫作“活在当下，旅行在当下”，分享者是一个25岁左右的女生，讲着她是如何在国内外穷游，还拍了许多漂亮的照片。这个女生的口才很好，她认为年轻人不应该把钱存在银行里，应该多出去走走，看看这个世界。

我不爱旅行，怕折腾，也怕阳光和风沙大的地方，再加上有哮喘的毛病，哪怕真出去也要选一个不冷不热、酒店舒适的地方。在娱乐方面，我能想到好多好玩的事情，但是旅行绝对不是其中一个。

即使是这样懒惰的我，听到这番宣讲还是会考虑——是不是真的应该出去玩玩？我问Emily怎么看，有没有觉得内心的小宇宙被点燃了，恨不得立刻就订机票，来一场说走就走的旅行？

谁知道，Emily冷哼一声：“你就听这人胡说八道吧。”

“人家怎么胡说八道啦？”我的醉意尚未退去，“你快请假，我们下周就出去玩。”

“稿子写好没有？书看完没有？”Emily敲了一下我的脑袋，“年轻人要是都像她这样活在当下，我保证，过不了三年就得后悔。”

“可是，不是每个人都有直面现实的勇气啊。”我耸耸肩，“不是每个人都像你一样，受伤以后第二天就会康复。对于一些人来说，旅行可能是唯一能让自己觉得有成就感的事情。”

“现在开心有什么用？以后租不起房子的时候，就等着哭吧。”

我吃太饱，困得不行，实在争不动，对Emily翻了一个白眼，就去书台处结账了。

[2]

和Emily讨论完这个问题以后，我发现豆瓣上一个旅行小组里突然冒出一个帖子。作者出生于1980年前，是一个资深的旅行爱好者，从毕业到现在，已经去过很多地方，也拍了很多漂亮的照片，遇到很多有趣的人。

在32岁生日的那天，她突然发现，在生活中除了几个文件夹的照片，还有一沓明信片之外，几乎没有剩下什么东西。虽然有一些网友在评论里安慰她，但是大部分人都在嘲笑她，说什么“得了便宜还卖乖”“旅行这些宝贵的精神经验，根本不是金钱可以计量的”诸如此类的话。

在很多的讨论中，大家把物质和精神对立起来，甚至认为精神优于物质，而我则更愿意把它们看成是一个整体。好友曾经向我科普过一个知识，就是贫穷更容易导致人变笨，然后逐步进入一个恶性循环，而本来物质条件比较好的人，恰恰由于时间自由，不必日日思考如何生存下去，反而拥有更多时间去学习，获得更多提升个人的机会。

这位后悔当初旅行太多的作者，不知道是不是也陷入了这样的困境中。年轻的时候，住在隔断间里，和朋友喝掉一瓶啤酒就能高兴很久，所以辞职去旅行是一件相当潇洒的事情，也会成为“活在当下”的榜样；只是，年纪大了，身体机能在急速下降，稍微吃点苦就腰酸背疼；除了自己生活之外，也要考虑起怎么照顾父母养老的问题。

实际上，无论是放弃工作去旅行，还是决定要为人类自由而奋斗，这些折腾实际上对自己、对社会都有比较正面的意义。甚至说，你的梦想就是环游世界，当个小清新到处拍拍照，也没什么不可以。

只是，无论如何，都不要太耽误赚钱、念书，这两样都是自由生活的基石。当梦想的机会降临之时，它们得能帮你更好地抓住、实现梦想，否则其他人打算出门度假的时候，你却只能深陷于现实杂务。要从这个困境中解脱出来，唯一的方法是完善自己的技能包。

有技能包，有钱有自由；没有技能包，看遍天下风景也难有好生活。

洒脱无畏地活着比什么都好

人对自己的定位总是有偏差的，尤其是回过头去看。

我有一个定期整理相册的习惯，把新的相片导入到电脑里，再顺便看看往日的旧照片。前几天翻出一张自己几年前的单人照片，年轻的脸庞带着无所畏惧的表情，安静地坐在会场中间的椅子上。

我马上转发给一个朋友看，“你看，以前怎么这么好看，不过三年时间”，她立刻回复“是啊，看那脸，满满的胶原蛋白”，可我记得拍下这张照片时，明明是觉得自己眼睛特别小，腿有点粗，背也不够挺拔，当下就毫不犹豫地把这张照片归类到“其他”文件夹里了。

还有一次，我指着一张去年的照片，跟我的先生说，你看那个时候我皮肤细腻一些，嘴角还没有纹路，眼睛也比现在明亮。他习以为常地说，那个时候你可是边唉声叹气边说自己已经人老珠黄了。

我感觉我就要一直在这种死循环里活到老了，直到我看到林青霞的一篇采访，才发现大美人也曾有这样相似的想法。

她说：“五十几岁的时候，感觉自己很老了，没什么前途了，可是现在过了六十岁我反而放松了，还感觉自己变年轻了，因为你发现六十岁那么圆满。”

她还说：“其实我现在很后悔，那时候不懂得珍惜，不懂得Appreciate（欣赏），有时看看以前的照片，那时候那样年轻那样美，为什么不去享受和珍惜，自己不欣赏自己，然后拼命钻牛角尖，钻得自己好痛苦。所以我现在常常提醒自己，一定要好好珍惜现在有的，好好珍惜活在当下，不要再伤春悲秋。”

61岁的林青霞终于懂得打开自己，敢说一句“现在是最好的时候”了。还好，我在27岁的时候已经发现了问题的严重性。

回想起来，对自己的不认同、不欣赏让我纠结了一程又一程，错失了一个又一个机会。

申请去香港读书之前，我会突然半夜里醒来，脑子里只有一个想法：“如果没有学校要我怎么办？”，等拿到了unconditional offer以后，实际上只用提交正式的毕业证就可以换成正式offer了，可我依旧每天担心学校会不会不录取我。最后顺利入学了，回想起递交申请的这几个月的时间，除了没完没了的纠结，什么也没做。

毕业以后，我开始寻找工作，老毛病又犯了。“应该没有公司会要我去面试吧？”我每天心里只有这一个念头。我投出了简历，以为会像一块石头沉入海底，悄然无声，谁知道出版社、律师事务所和英文培训机构都给了我面试的机会。

故事的结局一定不如你所料，只投了十多份简历的我总觉得自己什么好工作也不可能会有，于是接下了朋友介绍的一份助理工作，薪资、环境都很普通。最后的最后，我甚至觉得我没有能力在香港过得很好，于是回了内地。

回来两三年以后，当我鼓起勇气开始读博士的时候，突然想起早在香港之时，我的论文导师就愿意给我一个继续深造的机会，只是我当时觉得我的研究水平一定跟不上，只当这是个笑话罢了。

这种对自己的不确定，消耗了很多精力，也蹉跎了很多光阴，青春是有限的。有时真的想回到过去，跟那个时候的自己说声，喂，你干嘛老是自我怀疑？

[承认吧，说到底还是不够努力]

为什么一直低估自己，一直惴惴不安，是因为没有尽到最大的努力，没有充分的准备。一个胖子最容易做的事情是什么？就是觉得自己胖，然后什么也不做。他可以不停地宣称自己要减肥，看到苗条的女生心里羡慕到发狂，碰到漂亮的衣服以后默默咽口水，然后一遍又一遍地怀疑自己，就是不去挥洒汗水，少吃多动。

申请学校的时候愿意多修改几遍personal statement，愿意多做几份资料去尝试更多的学校，心里的底气会足很多；找工作的时候，认真提高自己的英文水平，多练习一下沟通技巧，最好前期就注意积攒实习经验，自然会觉得一般的工作都配不上自己；想读博士之前，把本专业的经典教材、专业期刊的内容研读几遍，写出一个像样的研究计划，这样也不会觉得自己没有能力去应付博士的研究生涯。

有勇气说出Ideserveit的背后是充足的准备，是了解自己艰辛的付出可以匹配最好的结果。

[你的缺陷都是小缺陷，别放大它]

我有一位大美女朋友，她皮肤白皙，双眸清澈，而且是年纪越大越脱俗那种。身边的人都已经奔着妇女的气质发展了，她还是一如往昔。谁知她告诉我，以前竟一度为外表自卑过，因为被她喜欢的人说胖，说她下牙不齐，前额还有点秃，可是一帮闺蜜们天天称赞她，说她漂亮极了，久而久之她也认为自己好看了。

有一次和一个美国人聊天，他得知我论文写得比较困难，却说了一句“你父母一定很以你为骄傲”，我问他为什么，他说你这么年轻，还在中国排名前十的学校读书，难道他们不骄傲吗？美国人一向有些夸张，但是这个角度是我从来没想过的，大多数时间我都在为没办法按预期时间毕业而感到忧虑。

没有人是完美的，如果永远盯着自己差的地方看，会越来越恐慌，大概会觉得自己做不成任何事。多看看自己好的地方，放过自己那么一丁点不足吧。

[很有潜力这个事实　自己坚信就够了]

我们从小到大受的教育都是一定要谦虚，别骄傲，枪打出头鸟。另外，别以为自己有多了不起，比你优秀的人多着呢。时间久了，好像承认自己有什么优点是特别不好意思的一件事情，我们太不习惯being who weare.

娜塔莉·波特曼初到哈佛的时候，她没有写过十页以上的paper，却要开始一周阅读1000页以上文献，她只会演戏，却被一群想成为总统的精英包围着，她对自己怀疑到了极点，觉得她能被录取仅仅因拍电影带来的名气。于是她决定选一个严肃而有意义的办法证明自己，改变其他人的看法，她选修了神经生物学和高等现代希伯来文学。

当她啃着这些艰深的课程的时候，发现她的同学在写关于航海和流行文化杂志的论文，教授在教童话和黑客帝国。她终于明白，为了严肃而严肃是件很可笑的事情，承认自己对演艺的热爱，坦诚地面对自己才是她正确的路。

试图迎合世俗的期待、标准及价值，做他人眼中有意义的事是一件吃力不讨好的事情。最不应该的就是被别人来定义你该几岁结婚，几岁生孩子，该从事什么职业，该做些什么事。

在Queen主义做编辑的初期，也有人质疑我，写公众号文章有什么前途呢，粉丝多的公众号多了，写文章比你强的人也多了，可我知道自己就是喜欢写，尤其想写给女性读者看。写了六个月之后，今天这个平台有十多万粉丝能看到我的文章，我还借此与许多优秀的女性有了接触，至于稿费那些顺带的好处就不提了。

年轻的女性特别容易对自己产生怀疑，格外敏感和不安。看看后台的留言，有人在思考“朋友都排挤我，每天都很痛苦，我是不是哪里有问题”，有人在问“我想从事时尚工作，但是在小城市，我还有没有机会”，还有人在说“我不属于好看的女生，不敢和男神说话，我觉得我配不上他。”

当你努力去拼搏
像一朵浓烈的玫瑰华丽绽放时
你便不会再有时间去忐忑不安
当你顺从他人的旨意
拘泥在局促的生活中
你就会在自我怀疑中慢慢枯萎。

如果要我来回答这些读者的问题，我想对他们说，放手去爱人，去做自己，去做想做的事情，洒脱无畏地活着就什么都好了。

无论别人怎样对待你，你仍然要爱他们

你知道能少奋斗20年的妙方吗？除了嫁入豪门、娶到阔太之外，找到那个做事靠谱的合作伙伴，可以说是性价比相当高的方式了。当然了，这也是相互的，为了增大概率，你也得是个靠谱的人啊。

[1]

留言里，有朋友问：如何知道一个人是否靠谱？

这个，看一个人是否靠谱，先看你想干什么。

交友？恋爱？联手创事业？这几桩事，交友范围最广，朋友可以靠谱，也可以不靠谱，各有各的乐趣。恋爱或婚姻，就麻烦一些。

年轻人价值取向各异，性取向不同，你瞧着不顺眼，但人家过着开心——婚姻就像鞋子，舒服不舒服，只有脚知道。

但无论如何一个选择法儿，谱总是要靠的。

——还有联手做事业，这个更得找靠谱的人。

注意，这里说的是联手做事业，不是做同事。同事可以任性。但做事业，真的不能掉以轻心。

简单说吧，我们试图描述这样一种人：他值得追随，值得同行，因为他是一种有可能成就事业的类型。

[2]

首先，不成熟的人，不负责任的人，没有人生目标的人，这些都是没有做好准备的人。他们显然还不适合视为事业伙伴，必须再多给他们些时间。

即使一个人，已经做好准备，雄心勃勃摩拳擦掌，想要干番大事业，但也未必就一定靠谱。

有些人责任意识倒是觉醒了，但脑子仍然懵懂，他们注定还要在市场上血拼一场，上下浮沉不由自主。扛着摄像机跟在这类人后面，倒是能拍出部超级惊险的商战片——但跟着一块血战，恐怕会有些人不太喜欢。

我们必须挑选那些成就事业概率更大的类型。

至少，我们要跟随的人，他们起步的大方向不能错，捕捉机会的眼光不能太差。再有就是性格更沉稳，更老练，更熟谙人性与市场规则。总之，这些素质越是齐备，就越接近于靠谱的领域，少几项关键指标，这个谱就靠不上了。

——心灵鸡汤里说，选择那些有长远眼光的。这个说法蛮好，但却是混账物语。你如果具备了研判一个人是否有长远眼光的能力，那你的眼光铁定比他更精准。否则，你必须等个十年八年，再来看他的眼光到底准不准，万一不准，你这辈子就被玩坏了。

所以，具长远眼光这种话，都是正确的废话。我们必须要找到更具操作的观察点，才能找到这些靠谱的人。

[3]

依据个人经验，提供几个可供鉴识靠谱人士的指标。

第一个指标，是他对做事周期的预判。

就是当我们做事情时，会在脑子里过一下，对事情的时间跨度有个估量。

多数人在这方面，都被堵住了。

比如说，年轻人初入职场，就嗷嗷怪叫，撸啊撸地要大干一场。等一上手，却发现事情远不像自己想象的那么简单——这个就是典型的周期误判。

一件事，做成的周期可能是三个月，脑子极不成熟的人，会预判为一两天，干一两天发现不对，再干下去更感觉遥遥无期，顿时就生出怯意。太多的年轻人，就是在这一关败下阵来，从此生出恐惧之心，再也不敢正眼看江湖职场。

欲行千里路，须备百日粮。欲上一层楼，这个是爸爸妈妈小时候教给孩子的常识，有些孩子硬是不爱听。

要准确预判一件事情的周期，不能用主观臆想，必须要采用博弈思维。

简单说，就是每想出一步，必须先预设这一步失败了，又或是周期更漫长，而后重新开始或长期苦战，这时候你对事情周期的预判，就有点靠谱了。

多数人做事是凭经验，只有做过的事，才能说出个子午卯酉，没有做过的，仍然会预判失误。

——做事之前，先问一下每个合作者：你估计这事要多长时间?

每个人回答是不同的，再大的事儿，也有敢说明天就能完成的。再小的事儿，也有说要十天半个月的——关注那个把事情想得最艰难，而且仍然放手去做的人。这个人，能够清醒地看到困难而且绝不退缩，这是干大事的料子。跟随这种人，成为他的最好合作者，你会少奋斗二十年。

判断一个人的第二个指标，是不确定性。

[4]

一个人的人品必须要能够确定，要诚实稳重，否则我们不会放心。

但，人的做事方法与方向，绝对确定不得——确定者必死无疑。

上面这句话，是什么意思呢？

比如说，有位老兄热血沸腾，蹦高号叫要做一家婴儿奶嘴厂。你想跟他干，先问他项目周期预判，如果他说明天一早就能盈利，那这厮多半是喝高了。反之，他回答说要做十年，你就可以问下一个问题了。

下一个问题是：一定是婴儿奶嘴厂吗？

如果他回答：一定是——那就没必要跟他干了，这厮多半患有奶头缺失症，你又不差那点奶喝，干吗跟着他胡闹？

但如果，他回答说：那可不一定，市场千变万化，说生产奶嘴，搞最后弄出避孕套来也说不准，毕竟这两东西是一码事——OK，这人脑子清醒，知道自己在做什么，而且不钻牛角尖不自以为是，能够顺时应变，应该是个好的事业伙伴。

[5]

判断人的第三个指标：布局的周密性。

这个指标，其实是辅助性的。

设若一个人，能够精确预判事情周期，而且对目标不是死僵固执，能够应时而变，他必然也同时拥有周密布局这个特点。

反之，前两步做不到的人，这一步也没可能。

什么叫布局的周密性呢？

这类人善于布闲棋，他做一件事，看似毫无意义，他自己也说不清有什么非做不可的理由。但他会说：这个事肯定有价值，周期也长，这个坑咱们先占上，说不定什么时候就……要知道，一旦事业周期浩瀚漫长，就需要无尽的资源与部件。此前布设的一桩桩工作，到时候都会起到令人惊讶的效果。

——这个指标，也是衡量一个人事业娴熟度的关键点。拥有全局观的人，因其事业周期漫长而充满了未知变量，喜欢随时布设闲棋。而缺乏这个意识的事业家，他们的征途，就布满了荆棘与铁蒺，走得磕磕碰碰血肉模糊，钱没赚到几文，苦头倒是吃个没完。

[6]

第四个指标，接受因人成事，心态保持平和。

这类人，知道什么人做什么事，所谓团队云云，有其内在的特定意志。由一伙乌合之众，搞出来的项目必然打上这伙乌合之众的烙印。如果将他们中的主要成员，换成几个貌似相同的人，再出来的产品，与前者截然不同。

现代意义上的团队，不同于工业化生产的流水线，流水线的特点是标准、统一。而团队各有各的怪癖，各有各的烂毛病。

这时代的成功者有两种，一种是能够接受不同团队的非标准，视其为创新并自如组合。另一种则以铁腕强制规范，这两种类型各有各的优势与特点，少了哪一个，社会工业生态就出问题了。

[7]

第五个指标，不以成见视人，不以结果视事。

这个意思是说，这类型的人，对人没什么成见，你是个道德君子也好，你是个流氓地痞也罢，都差不多，都马马虎虎。因为这类人洞悉人性，知道道德君子与流氓地痞其实都一回事。

克制约束自我，就是道德君子，稍微放纵一下，连流氓地痞都不如。人性不是固化的，所以这类人甚至可以与最厌恶的人共事——理论上来说，这类人应该是心宽体胖、心平气和，但我见到的，却全都是火爆脾气，骂起人来富有创意。毕竟是这种选择，违背人的天性，导致了他们心理压力太大，因而行为失常吧？

不以结果视事儿的意思是说，任何一个结果，都不过是中间状态。比如有人说我创业失败了，这类人就会说：失败你妹，你只是认怂了，给我爬起来，继续干下去……对方生出怯意：真的不行，再干又是一轮失败。这类人就会破口大骂：你傻呀，心眼不够用啊？谁让你老是揪住一个法子不放的？你不会换个法子……

总之，在这类人眼中，事情永无结果，永远处在中间状态。人也是始终没有定型，始终处于不断自我完善之中。

[8]

这类人爱读书，但不是死读，他们喜欢把书上的东西，用自己的语言表述出来。

他们具有把超复杂观点，简而化之的能力。

他们有自己的语言体系，也有自己的思想体系。但他们绝非民科，他们寻求以科学共同体的方式证明。他们花在抽象知识上的时间，远比扑在日常事务上的时间更多。因为他们心里明镜一样，知道在这个世界上，拼的就是脑子，他必须截长补短地对自己做点脑保健操。

他们善于整合相互矛盾的观点，拒不承认现实强加的条条框框。而且他们能够在几种价值观体系中自然游走，这样也行那样也可以，都无所谓，反正百年之后大家都是一抔黄土，天天叽叽歪歪扯说啥？

他们脑子中的道德模块，也不是固化的——人的大脑，天然内置六个道德模块，生而有之，一生固化。但这类人憎恨一切固化的东西，他们在为人处世的态度上，呈现出一种极端矛盾的复合体。他们信奉人生奋斗的价值使命，但对于缺乏这种能力的人，始终持以温和与慈悲。

[9]

简单概述一下这类型人士的六个特点：

第一个，具有过人的智力，能够准确预判未做过的事情周期。第二个，不确定式思维，做事不求一个直线的结果。第三个，思维异常之周密，喜欢布闲棋。第四个，接受因人成事，不拘泥。第五个，对人无成见，始终在路上。第六个，具有自己的实用型知识体系，化繁为简，容纳异端。

上述这几个指标，不过是提供给我们现实的研判依据。但如果，把这个时代具有强事业质素的特点，以抽象的用语描述出来，那么，这些特点应该是：

非确定性、非实在性与非线性思维——如果你的脑子不是固化僵硬到了无药可救，又或是不被阴暗的嫉妒心所控制，你会发现，这类人就在你身边，虽然数量不多，但绝对会有。

找出他们来，与他们结友同行，你就可以少奋斗二十年。

还有，你可以选择，让自己成为这类人。

[10]

要想成为上述这类人，成就人生事业，其实也真的不难。

首先，知道天下之事，尽在人心。事情是简单的，人心是复杂的。所有事情都是经由复杂人心的博弈，才能破茧而出。由此你就会掌握事情周期预判能力。其次，多看几本真正的历史书，你会发现，古之成大事者，并非从炕上爬起来，就琢磨做大事，而是在历练他们的智力时，无意中具备了谋大事能力——至于成什么事，这个无所谓。再次，接受不确定的现实，学习非实在性的思考，认可非线性思维，改变对人的固化认知，接受事情永无终止的哲学观——做到这一步，需要强化自我思维训练，慢慢来。

最后要说的是，永远不要对人怀有恨意或怨言——无论别人怎样对待你，你仍然要爱他们。

爱他们，不是他们多么可爱，而是仇恨与怨意，会降低大脑活性，导致你的智力缩水，远离自我人生成功之路。这世上有条残酷的铁律，善未必聪明，但坏必蠢。不要让自己成为蠢人，所以千万不可以怨恨。

总而言之，找到或成为一个靠谱的人，并不难。难的是我们心中那些拂之不散的消极情绪。能否战胜它，取决于你的勇气与决心。

你要先学会克制

上网的时候突然从页面弹出来某地豪华自助餐的广告，光是图片就是一场视觉的盛宴。新鲜的生蚝，扇贝，三文鱼，带着各种酱汁在铁板上冒着烟的上乘烤肉，几十种造型精致的甜品，口味繁多的哈根达斯……鲜艳的颜色直逼味蕾，在屏幕上弥漫开一股诱惑的气息。

我想起上一次吃自助餐还是在半年前，朋友请客的日料店，环境优雅食物上等，我吃了一小碗沙拉，几片生鱼片和天妇罗，就停下筷子聊天喝茶水。同去的朋友戏谑说带着我根本吃不回本，我也摆摆手不再继续。不是食物味道不佳，而是多年的习惯使我在如何丰盛的美食前也要坚持慢慢享受。

我看着眼前走过三三两两的年轻姑娘，毫不手软地把盘子里的食物堆得高高的，不禁感慨我十八岁时也被青春撑出这样一副好胃口，恨不得把所有的滋味都装进肚皮里。可是时间啊，它真的可以改变太多事，和那时的我相比，我想这八年里我学到的最好的一件事，就是克制。

十八岁时我总是吃得太饱，在那个肯德基汉堡还算很大的年代，不夸张地讲，我一个人可以轻松吃掉三个。街边摊地沟油炸出来的巨大鸡排，我也能够在老板娘吃惊的目光中干掉四串，然后半个钟头后回家吃妈妈做的地三鲜，还能把一碗米饭压得踏踏实实。我的胃口是被欲望撑大的，吃饭时生怕吃亏，把自己养出一副狼吞虎咽的狠相，往往这一筷子的肉还含在嘴里，眼睛就瞄准了下一口的目标。

那时我刚上大学，校园里每天早晨都会有一些摆早点摊的人，我会买一个肉松面包，一份肉夹馍，还有加了蛋和香肠的煎饼果子，然后再顺路去综合楼买一杯现榨的豆浆，去教室潇洒地吃掉一个人的豪华早餐。摆摊的大姐有一天很有聊天的兴致，问我“妹儿啊，你每天都给别人带饭啊？！”我轻描淡写地说，“不啊，我都自己吃的。”大姐立即一副吃惊的表情，马上用招呼别的顾客来掩饰尴尬。

我觉得没什么不好意思，因为我还有更可怕的时刻，比如上课到一半突然饿了，就索性找来去厕所的借口，跑到食堂点一份分量巨大的炒面。别的女生会点一些青菜和一点肉，我呢？我点腊肠，鱼丸，虾丸，甜不辣，蟹肉，大白菜，生菜，土豆片……等着师傅把炒面堆成塔形端出来，我就在十分钟之内旁若无人地把盘子都舔干净。

除此之外，我对自助餐也有着一种深深的迷恋，金汉斯，汉斯烤肉，高丽园……但凡那些三四十块就能流连的地方，每一样食物都令我百吃不厌。最壮烈的一次，中午去自助餐吃到肚皮几乎爆裂，回来坐校车的路上，狂吐不止，结果晚上有人说吃火锅，我又从寝室的床榻上一跃而起，在鸳鸯锅的雾气蒙蒙里干掉两大盘羊肉片，两坨粉丝，一份蔬菜拼盘和两杯酸梅汤。

在那样的青春里，饿是不可以等待的一件事，我从不知道什么是克制，我搞不懂为什么有女生在很饿很饿的时候还可以优雅地小口啜着咖啡，而我总是在超市买了零食就要在出口的地方迫不及待地撕开包装袋，就像我搞不懂为什么别的女孩子身材苗条，而我却是个一百三十斤的矮冬瓜。

除了吃到太饱，十八岁时的我爱一个人，也爱到满得溢出来。我的生活，仿佛全部围绕爱情而生长，我拼命地讨好，拼命地关心，拼命地在乎男朋友的欢喜——我在冬天熬到下半夜两点，只为给心爱的他织一条围巾；我也常常溜掉重要的专业课，只因为他一句“你陪我吃个饭吧”；我烫的头发，是他喜欢的那一款，压进箱底的衣服，是他不爱的颜色。

一个人的精力很有限，爱别人太多，留给自己的关心就渐渐少起来。男朋友生了病，我煲粥熬汤起早送饭，把药房里治感冒的药一样一样地买回来，而自己发高烧的时候，只要男朋友需要陪伴，我就用袖口擦擦鼻涕穿着单衣和裤袜自认为很美地迎着寒风去赴约；当我下定决心去考一份证书，男朋友用一副“跟我有什么关系”的表情看着我，而当他为了去五百强公司面试做准备，我通宵熬夜把网上的面试经验全部为他写下来；甚至在我们分手的时候，我还为他留下一个厚厚的本子，上面手写着这段感情从暧昧到结束时我们之间发过的全部短信。

他并不知道，在那些争吵不休的时刻，我就像是一只被人遗弃的流浪狗，在那些单薄的文字和那若隐若现的感情间，仔细嗅着他对我曾经的喜爱。在那样的青春里，爱上一个人就要拼命对他好，不留一丝余力。我从不知道什么是克制，就像我不懂爱情，还不能够了解，爱情不是一场公平的心意交换，不是每一场不遗余力地付出都能换来一份全心全意，就像我不明白，为什么我爱的人，最终头也不回地离开了我。

十八岁时我的性格急躁，脾气暴烈，说话一副大嗓门，做事完全不会深思熟虑。为此我做事武断，缺乏对事物客观的判断，经常按捺不住脾气和别人争吵，也不经大脑地说了很多令人伤心的话，事后才发觉自己的残忍和粗暴。那时出去吃饭时遇见态度不好的服务生，就一定要摆出脸色回敬给她看，从没想过那张年轻面孔背后的辛苦，或许她正在经历失恋也或者正在为给老家汇钱而一筹莫展；我也经常直截了当地对妈妈说，“这道菜一点也不好吃”，丝毫不领会她工作一天还要回家洗衣做饭的辛劳；我因为朋友和我说出男朋友劈腿的真相“也许他没有那么喜欢你”，而觉得她一定是在狠狠嫉妒我；我一意孤行决心去做的事，如果有人提出反对的意见，我的脾气就会立马炸开来。

在那样嚣张的青春里，我还来不及去读懂什么是克制，我不明白为什么同样是女人，一些人谈吐轻缓举止优雅，另一些却聒噪粗俗，我还来不及明白，将她们如此清晰地区别开来的脾气，叫作修养。

十八岁时的我，那么年轻那么张狂，吃了太多、爱了太满，发了很多脾气，在青春里装满那么多的欲望，期待它们下一秒就会全部实现。那样的日子里，我吃饭时总是带着贪婪的胃口，恨不得把菜单上的每一样东西都吃一遍；逛街时喜欢一件衣服，就算刷空银行卡也要得到；想去一个地方，会因为订不到临时的机票而恼怒不堪；计划去一个餐厅吃饭，如果赶上停业整修就会恨到咬牙切齿；讨厌一个人，就连他的全部都讨厌，盲目地忽视他别处的优点；爱一个人，就拼命地对他好，仿佛这样他就会用同样的心情爱上我……

后来很多年过去，我吃了亏，受了伤，得到很多委屈和教训，才渐渐地领悟，不是所有欲望，都要马上实现，克制的能力，让很多事情有了更好的结局。

太好吃的食物，不必一次吃得太多，因为总是会有机会，再去品尝一下；喜欢的衣服太贵了，就不要把所有的钱都花掉，再等等说不定就会看到物廉价美的款式；订不到飞往A地的机票，就发掘一个新的地方，也许会发现其实B地更适合旅行；心爱的餐厅停业整修，多在附近转一转，说不定会在旁边的小餐馆吃到更有滋味的食物；讨厌的人虽然不能成为朋友，客观地用心去看也许就会发现他很多深藏的优点；深爱的人不一定要马上得到，如果他没能够以同样的心情爱上我，那或许是因为有更好的人在等着我……我慢慢感悟到，人生中有太多的事情不能马上得到，也有太多的事情可能永远也得不到。

成人之后，我经历了很多事遇见了很多人，看到了不同生命的景象：有人因为对爱情过度付出，失去了自我；有人因为贪恋金钱，毁掉了前程和家庭；有人对食物痴迷太多，损失了身材和健康，有人性格偏执张狂，给深爱的人带来一次又一次的伤害……我常常想，在这个复杂又诱惑，人人都想获得更多的世界里，克制能够让一个人得到什么？

人生中有很多很多的欲望，是无法马上实现的，也有很多很多的人和事，是注定要做错和错过的，与其贪心追求更多，不如练就克制的能力去放下多余的欲望。

克制住过多的食欲，就得到了健康；克制住过多的脾气，就得到了修养；克制住暧昧，就得到了真爱；克制住急躁，就得到了思考；克制住爱情中一厢情愿的付出，就得到了尊严；克制住对物质无止境的欲望，就得到了精神上的宁静和快乐……

克制的力量，让人慢下来，静下来，优雅起来。你所有克制着去爱去感受去经历的事物，都会成全你，那些无法得到与实现的，如果它最终没有属于你，说不定那就是最好的结局。

人生随处都是考场，你要学会如何应考

高考那一年，妈妈在到学校看我的路上，出了车祸。大腿骨骨裂。当时高三还有两周就要考试，家人选择对我隐瞒。

当时和同学一起，在学校隔壁租了房子，周末才回家。瞒不住了才告诉我，说没事，就是摔了一下。

高考前一天，中午下课看到爸爸发来的短信，说是回出租屋吃饭，不用去学校食堂。当时我就想到是妈妈来了，一路小跑着回到了那个小屋子。

看到简易饭桌上我爱吃的饭菜，和斜倚在床边的妈妈，还在收拾锅碗的爸爸，我哇的一声哭了。

整个中学阶段没有这么在爸妈面前哭过。当时的我，分不清楚是看到妈妈受伤了难过，还是高考的压力大。没有人能分清楚。

原来为了让我安心，高考前妈妈硬是从医院出来了。那时候在中学隔壁租的单间，在三楼，没有电梯。爸爸把妈妈背到三楼。然后爸爸打下手，妈妈拄着拐杖，一只腿支撑，给我做了好吃的饭菜。

那一天，我第一次意识到爸爸妈妈也是需要照顾的。下午我独自去看了考场，坚持让爸爸留下来照顾妈妈。在之前我对于高考是没有感觉的，直到那天下午，在学校门口看到了数以百计的学生家长，她们望向校园里孩子走来方向的那一种专注，我顿时感受到了严肃的氛围。跟这些家长脸上的期盼比起来，那千万句口号和数不清的鼓励横幅根本不算什么。

高考两天，我一个人走进考场，一个人回来。甚至固执的跟家人说：“你们要是去学校，我就不去了。”

后来妈妈说，她一直站在租住屋的窗边，看着我进校园，然后盯着我进教学楼考试，呆呆地看着那栋楼，仿佛能看到我奋笔疾书。

考试结束之后，我回到租住屋里。东西已经有一半搬上车了。爸爸进进出出搬东西，只是对我说一句回来了。妈妈看到我回来，握着我的手，久久不能松开。想问我点什么，终究没有说出口。

我能读懂妈妈的欲言又止。考试之前跟爸妈交代过的，考试之后不要问我考得怎么样，不能给我压力。妈妈纵使有万般好奇，也谨遵“嘱托”，什么都不问。我笑了笑说，考得还不错。

搬完东西，爸爸把妈妈背下楼。没有告别仪式，我头也不回地离开了住了整个高三的那个三层小楼。一直跟在爸爸妈妈身边，那时候好像没有以前，也没有以后，只有眼前的陪伴。

第二天我去学校拿试卷答案，估分，咨询，填志愿，一个人在校园和家之间来来回回。我让爸爸正常工作，妈妈在家休养，坚持不用任何人陪。

突然不能走路的妈妈，让我明白一件事，爸爸妈妈会生病，会老，会需要照顾。以后有很长很长的路，要我自己走。我固执地认为，从高考报志愿开始，我可以独立为自己的事做决定。爸爸妈妈，还有亲戚朋友，可以给建议，但是终究，这是我的人生。

我不知道的是，每一次，我骑着自行车从家到学校，爸爸都在后面远远地跟着，看我进校门了。然后去交代一下工作，就到学校围墙外面，躲在家长堆里，等我出来，又远远地跟着我回家。快到家时拐个弯儿去买东西或者去朋友家坐坐，比我晚一点回家。

当年的我，终究还是不让人放心的。再独立，在爸妈眼里也还是一个孩子。

至今仍然能回忆起一个场景，我和爸爸坐在妈妈的床边，头接着头，翻看那一本厚厚的高考填报志愿指南。虽然我一直笑着，爸爸妈妈说的每一句话，都小心翼翼，好像害怕说错了触动我的情绪。

他们的小心翼翼，也让晚熟的我意识到，高考是一件大事，是我们全家的大事。而且和我们家有关系的人，都或多或少地参与进来。于是我知道，高考可能会影响我的一生。到底会有什么样的影响，当时的我完全没有概念。

记得填报完志愿的那一天，我交上志愿表回家躺在床上安心地睡着了。睡醒的时候，微睁眼睛发现妈妈在我旁边坐着。一时不知道怎么面对，翻了个身装作继续睡。妈妈喊爸爸过来把空调温度调高一点，怕我冻着。

听到妈妈对爸爸说："让她多睡会儿。这几天把孩子累地。"

爸爸轻声说："女儿长大了，知道操心了。"

这简短的对话，我听得清楚，心里却不能淡定，鼻子一酸。我知道操心了，开始学着独立，爸爸妈妈又欣慰，又心疼。现在看来，只是承担了一点点而已。在那以前的我，是多么的生活不能自理，又是多么理所当然地接受着全方位的呵护。

那一年的暑假，我依然没心没肺地玩。没有悬念的，在高考结束两个月后，我背起行囊离开了家，开始了一个人的生活。当时的我并没有意识到，从踏上火车离家的那一刻，那个我依赖了十七八年的家，对我的意义已经悄悄发生改变。它仍然是一个港湾，但我不能再赖着不走。

直到多年以后，想起来高考前一天的那一场哭，不是难过也不是压力，也许只是在那一刻，怀疑自己是不是能配得上爸妈的爱。意识到有一天，爸爸妈妈也是需要照顾的，对一直无忧无虑的我来说，是一种冲击。我害怕，害怕在高考结束之后，即将跨入十八岁的我，是不是能真的活得像一个大人，独自面对生命给予的一切，长成他们期望中的那种美好。

害怕的不止我一个人。

总是听到周围的人会跟我讲起来，梦里回到高考考场上，发现自己一道题都看不懂，或者还有几道大题没有写就要交卷子，于是着急地醒来。醒来之后，松了一口气，还好只是一场梦。我从来没有梦到高考考场，我只是梦到我在高考之后回家发现爸爸妈妈不见了，怎么找都找不到。

这多多少少有一点暗示，很多人害怕那场考试，甚至在多年以后，那种害怕还留在记忆深处。走进考场的那个夏日，注定是一个不普通的日子。考试结束的那一秒，注定是一个与众不同的时刻。

当时的我们，还不知道生活本来的面目在何时呈现。我们隐约知道，人生的一个阶段结束了。从此，征途是星辰和大海。

其实我们并不知道未来的模样，也想象不来。只是头脑里一个模糊的影子。索性不去探究，只是一步一步向前。

相对于展望未来，怀念过去无疑是安全的。于是刚毕业的几年，我们一遍一遍地跟同学回想起一起做过的傻事。隔一段距离以后，越来越佩服当时的自己，能那么心甘情愿地加入一场同龄人的集体奔跑。做不完的练习，数不清的考试，还有背不完的课文和总是认不全的英文单词。而我们依然能够心无旁骛，乐在其中。

高考成为我们的过去时，便可以放心地谈论。

跟朋友聊起高考，一个女孩说："高考那天班主任给我烧了一炷香。"她自顾自地点着头，"嗯，是烧一炷香。那个从来不迷信的马克思主义跟随者，给每个同学都烧了一炷香。"

一个男生接过话："那天我妈非得让我穿红色的衣服，大红的那种。"

另一个女孩说："高考那天我妈给我算了命。背着我托人去武当山问的老道士，说我这辈子命好，高考是我人生的转折点，能超常发挥。"

这似乎很好笑，大家笑着笑着都沉默了。

那一场普通的考试，因为期待，变得神圣。在乎的人，总想借助某种仪式，传递期待和祝福。想来，我记忆中，妈妈拄着拐杖，站在窗前凝望的模样，也是仪式般的存在。

世界各国都有不同的各式各样成人礼。六月的那场考试，更像是我们的成人礼，象征着迈向成人生活的开始。

多年以后，跟我一起完成那场成年礼的万千少年，现在各自有了各自的精彩故事和丰富人生。十八岁的那场考试，在人生中的痕迹已经不知不觉地淡去。

而在记忆中依然闪亮的，是高考之前的细碎时光。尤其是在悲伤和忧郁的时候，会发现在那些无聊而重复的日子里，我们的青春释放着无穷无尽的能量。在以后面对人生的种种突如其来时，越能感受到那些重复之中的生动之处，单纯而坚忍。

至于那场考试，考得好或者坏，只是决定了我们要和哪一群人一起生活。经历过一些事，明白了其实当年即使考了第一名，以后的人生也不会比别人更容易多少。人生的成长过程，大概都是差不多的有趣与忧伤。随后的日子里，我们将开始学会如何和自己相处，那才是人生最重要的一门功课。

这是一个漫长的过程。不管愿意不愿意，人生中许许多多的事情都会一点一点改变。高考之后，不管有没有做好准备，我们面对的，是跟十八岁之前不同的世界。从此，我们逐步减少依赖，并且马不停蹄地学着成为别人的依赖。

原来，走出考场，真正的考验才刚刚开始。

既然选择了，就不要去害怕

我妈是个本分人，没什么文化，对我也没太大期许，只是希望我能找个本地人，守着这小城，安稳地过一生。

对于她的叮嘱，我从没放在心上。对于我的心不在焉，她始终不厌其烦地举着例子。

我的某个远房亲戚，不顾家人反对，以死相逼，终究是远嫁他乡。然而，开始的奋不顾身并不代表着结局的美满。

两地相隔甚远，文化习俗大有不同，她从最初的忍耐学习，到最后的放手，其中滋味，只有她一人知晓。但想来，一个女子抛弃所有奔向爱人，得来的不是幸福美满，而是与日俱增的矛盾，满腹牢骚无处可说，当爱也消磨殆尽，除了满目疮痍，还能有什么？

最终，她拖着疲惫的身躯回来了，而父母，只是默默地迎接着她的归来。

我妈每次讲到这，总有些哽咽。

而我，依旧心不在焉。

我对爱情的期盼，不比谁少。脑海中构想过无数种相遇相恋相伴的场景，我希望他眉清目秀，我希望他善良孝顺，我希望他侃侃而谈，我希望他陪我到白头。可我从没想过，他住哪，未来会和我守住哪座城，我以为这不重要。

姑娘只需觅得如意郎君，哪问英雄出处？

守住爱情便好，又何须守住一座城？

我没和她争执，只是打定主意，只要在一起，无论在哪，也是天堂。

时间，总会教你重新看待事物。

我的嫂嫂远赴千里，从湘西凤凰嫁到不知名的小镇，是远嫁他乡的翘楚。堂哥和嫂嫂的故事，堪比电视剧，其中曲折，令人瞋目。

好在，经历八十一难的两人，终究是在一起，如今已结婚生子，日子倒也过得自在。

我原先在家，话虽多，但亲朋一到，立刻缄默。这几年经历了些事，却变成了话痨，和亲朋好友相聚，也能说上几句。

我和嫂嫂，与其他姐妹相比，相较投缘。她便向我诉说了许多。

因为实在离得远，想家想得厉害也只能靠通话；大事小事除了与丈夫诉说，几乎无处可说；生活习惯不同，很多时候，婆媳间的相处，总是令她身心疲惫。可她，除了忍耐，什么也做不了。

宽容，她只能沉默地选择原谅包容一切。

我似乎从琐碎中能体会到她的痛苦，无法告诉父母她的难处，时刻牵挂故乡的二老。好歹丈夫是个仔细的人，总能体谅她，给她拥抱。

她说，如果不是堂哥如此细腻，如此温暖，她怕是早就守不住这爱情，更何况这陌生的小镇？

我有一同事，丈夫的老家在一处，自己的老家又在一处，二人结合后，又寻了个城守望着。偌大的中国，被这夫妻俩围成三角形，三条点，她们能顾及的太少。

逢年过节，始终无法周全。

姑娘，她远嫁他乡，只为了眼前人，但愿不辜负。

而我，在听了那么多的故事后，期盼着我的爱情，不因距离，不因贫富，不因年岁，只因为对方，开花结果。

当我妈再次念叨，我便不再不屑一顾。

我听着她的叮嘱，在小城里，等待着花开。

只是，姑娘远嫁他乡，注定要承受太多，你若没有毅力，你若无法舍弃，必将无法拥有。

远嫁他乡的姑娘，少年你莫要辜负，愿你能陪她到灯下白头。

青葱岁月到时，请及时享受它的美好

那天一个朋友告诉我，因为爱人一直忙，她们家20多年了，居然没有拍过一张全家福，没有一次全家一起出游的机会，现在更好，连全家人一起吃饭的机会都很少了。

开始的时候是她爱人忙，后来是孩子们忙，一家人总是凑不到一块儿……她说她这半辈子，就像在玩魔术，开始的时候是一个人，后来是两个人，再后来是三个人、四个人，可到现在，她似乎又回到了原地，这个家里又只有她一个人了。每个人都在忙，为自己为家人，偶尔打电话过去，就是不冷不热的那几句话。所以，她现在连电话也不想打了。

她说如果能回到过去，她情愿日子过得苦一点，也要多陪陪孩子们。孩子们小的时候，觉得他们什么时候长大了就好了，现在才觉得，孩子长大了就不是你的了。辛辛苦苦这么多年，她连一张可以欣赏的全家福也没有。闲着没事的时候，满脑子都是孩子们小时候的画面。

她说这样的遗憾，是一辈子都不能弥补的，因为时光不可以逆转，你永远也不可能回到过去。看到有人在网上晒照片，特别是那种几十年不间断、在同一个地点拍的照片，她觉得人家真是有心人，她说照片上炫耀的不是幸福，也不是快乐，而是过去岁月的集体展示。有时候，一张照片就是一段岁月的立体再现。

另一个朋友更惨，她和爱人自由恋爱，开始的时候，双方家长都极力反对，好容易走到一起了，爱人又一直在外拼搏挣钱。直到后来，爱人因意外去世了，她才忽然明白：这个世界上，没有过不去的苦日子，只有回不去的人生路！

她们结婚整整十年，两个人在一起的日子，算起来还不足十个月！这十年，一直是她一个人带孩子，生病了一个人去医院，一个人去买东西，一个人去逛商场……她有很多金银首饰，有很多漂亮衣服，可是现在，她连看一眼的兴趣都没有。总觉得好日子在后头，却不知道，两个人的缘分，这么快就走到了尽头。她说那一年，她一个人过春节，听到那首《时间都去哪儿了》，她一个人哭得天昏地暗。爱人不在了，孩子长大了，有了自己的家、自己的事业。她像做了一个梦，梦中她什么都有，醒来的时候，却只有满院落花、满头白发……

岁月就像是一阵风，是永远无法把握的，我们所能做到的，就是在青春岁月到来的时候，及时地享受它的美好。

因为这个世界上，没有过不去的苦日子，只有回不去的人生路。在我们还拥有彼此、还拥有孩子的时候，一定要好好珍惜。不要因为追逐一些无关紧要的东西，而让自己的人生，留下太多的遗憾！

自由自在，活出你最喜欢的样子

你希望孩子成为怎么样的人？许多人问过我。

从简回答的答案：自由生长，活出她最喜欢的样子。

每一次具体的时候，我总是说，有一门手艺，混得了饭吃，也活得出高兴；有三五好友，去广阔的世界；双亲康健，身为父母的我们，可以潇洒走四方，偶尔想起彼此，可以像老朋友一样聚餐，彼此不牵绊，高兴地汇报行程；以及有一个自己喜欢的人，恰好也喜欢她，年轻的时候不孤独，年老的时候不寂寥。

事到如今，我更想说，希望你成为一个幸福的普通人，普通到可以过好这一生，过到白发苍苍，在自己的小房子里，能够想起过去的年轻时光，想起那时或许已经离开的我们，想起未来的自己，不遗憾，不后悔，满面笑容。

希望你知道，相较于面面俱到的平庸，更希望你有一技之长。

孩子，我不是希望你成为大师，也不是顶尖人才，更不是希望你站在最高点，告诉别人世界上真正的优秀是怎样的。而是希望你有资格，让这份手艺，在你的手上变得有价值。

很多人说，手艺用来吃饭，总是有点不纯粹。好像玷污了本意和圣洁，有了铜臭味。可是，只要初心还在，又何妨。

这个世界用来生活的方式很多，选择你希望的就可以了。

去过澳洲的街头，那个会变魔术的老头，并不知道有一年自己也会用幼年最擅长的魔术成为自己的生活方式。他说，一切到来的时候，没什么好恐慌的，我会魔术啊。

就好像比尔·盖茨的退学，最后成为了首富，我特别认可一句话，比尔·盖茨的成功是因为他是比尔·盖茨，而不是因为他退学。中学的时候，就可以编程赚钱，他的手艺其实足以让他不必太担心生计。

有一门手艺的好，在于你不必依赖于谁，也不必依附于谁。你闯荡江湖的独一无二，或许就是这个你的手艺而已。

国人的教育体系里，还是有面面俱到的大课教育。我认可中考、高考这样的升学途径，因为这是现阶段唯一一条最为公平的教育道路。能学扎实，是最好；如果实在平平，倒也无妨。毕竟，人与人不可能都一样，每个人都有自己的样子。

把时间花费在你喜欢的事情上，才是你生活的最大意义。

希望你知道，这个世界并不是每时每刻都会温柔对待你。

孩子，外面的世界很大，也很残酷，刀光剑影，每个人都会温柔，也未必都对你那么温柔。

三毛有一句话，大意是，朋友需要分类。而你也需要分类身边的所有人。有些人可以放得离自己近一些，有些人也可以远一些。所有人都礼数周全，但未必对待每个人都必须热情洋溢。

我倒是希望你有林徽因的灵气，但我也希望你有张爱玲的傲气，以及三毛的闲散气息，不是为了成为谁，而是为了在这个世界，可以降落得有声有色，有血有肉。

十一二岁的时候，有两件事对我触动很大。有一件事是那个坐我后面的女孩子，拿着我的衣服，满世界乱丢，那是我奶奶买给我的。我在那里哭，她却在那里笑；还有一件事，是两个女孩子，没有经过我的同意，拼命地翻我的书包，她们就想看看我书包里有什么，然后，把我书包里的所有东西倒了一地。

那时的班主任看到了，她后来问我，你为什么那么懦弱？

我说，我怕她们哭，待我不好。

她说，你爱护别人的前提是，首先保护自己。后来我才知道，许多时候，我们总是太愚蠢，总是不照顾自己的情绪，却不停担心着别人。

世界上，形形色色的人都有，就像有人一定会毫不留情地突如其来，就像你拼命待她好最后却是自作多情，就像你驰骋职场发现很多人手中都可能有刀，刀落的时候，你可一定要准备好铠甲。

陀思妥耶夫斯基的《被欺凌与被侮辱的》有一句话是：一个人一旦认识到自己是傻瓜，他就不再是傻瓜了。

而我想说，一个人，一旦看清这个世界，就知道温柔和不温柔都是世界的真理和事实存在。

所以，准备一路的铠甲，不是因为不相信别人，而是为了保护自己。未必有人接你的满尘风雨，而只要你在，就可以擦干身上所有的血和泪，不失望，也自信地活着。

希望你知道，孤独和相伴都是生活的意义。

孩子，我并不觉得一个人必须要孤独，或者一个人一定要群居，我只是想说，一个人孤独的时候，要好好过，许多人相伴的时候，也要好好过。

以前，我总是很担心一个人的。后来，一点也不。

我们总要做好一切的准备，或许有一天，我们只有一个人留在方圆十公里空荡荡的世界，与自己独处就是能力。一个人起床，一个人刷牙，一个人做早餐，一个人出门谋生，下班回家后累到死，却发现空无一人，也或许那时的你，连个可以倾诉的人都没有，包括父母，你也觉得根本话不投机。你呀，看书、看电影，做点喜欢的事，然后安稳地过一天。

如果有人陪着你，大概会很好吧。

你可能和他结婚，过安稳的日子，在柴米油盐酱醋茶里喋喋不休；还是过四海为家的日子，浪迹每一个地方，然后和他在一起。只要你高兴就好。或许还会有孩子，或许一辈子都不想要，只要你觉得幸福，就是幸福。

最好是还有温暖，至少要把更多的温暖给自己，给喜欢的人，给每一个你愿意被关心和关心你的人。

孩子，希望你做个幸福的普通人就好。

我一直出现着几个词语“你高兴的、你喜欢的、你想要的”，不是让你成为自私的人，而是让你最少地免于生活的苦，免于生活的忧，把心飞到海阔天空的世界里，不在金钱和权力里沉迷不已。

每个人对幸福的定义不同，而我只是希望你，不必太有钱，温饱够好；不必太温柔，有点锋芒；不必太纠结，放得下很多事；不必太清高，做一个温暖的人。

把平凡普通的日子过得光芒万丈

最近有个朋友生日，聚会上有人送了他一对精致的杯子做礼物，据说这对杯子做工质地讲究，连配图都出自绘画大师之手。然而，就在朋友得知这对杯子价格近千块的时候，他直接炸了："不就是个盛水的东西，跟我用的十块钱的玻璃杯有什么区别？这俩杯子哪里值千多块钱啊！"

看着他"啧啧"心疼钱的样子，我们一时语塞。

看到我们的反应他一时也有点不好意思，立刻解释说，其实不是钱的问题，只是自己不讲究，反正水杯能用就行，从未考虑水杯的做工和配图美观的问题，觉得这样太浪费了。

对他来说，我们也相信确实不是钱的问题，他只是觉得水是用来喝的，水杯的作用就是盛水，不洒不漏实用就行。

当下，很多人跟我这朋友一样都是"倔强的实用主义者"。

之前，在微博上看到一个姑娘晒出了自己改装出租屋的攻略帖，就在很多人点赞支持的时候，也不乏一些这样的评论：

"又不是自己的房子，花那么多钱折腾有什么用？"

"这些年轻人有点钱就会作，不就是回去睡个觉的地方，花钱花工夫弄成这样一点都不值得！"

……

后来，这姑娘从容地在微博上回应他们：房子是租来的，但生活不是啊，就是因为不是自己的房子，我才要花些心思改动一些细节变成自己喜欢的样子，毕竟这是我褪去一天疲惫的地方啊。

很多人动不动就喜欢质问“……有什么用？”其实，说得好听些，这些人叫“实用主义者”，说白了他们就是不懂审美，缺乏生活情趣而已。他们喜欢直奔目标而去，对过程中的装饰和审美他们并不感兴趣。

木心曾说：“没有审美力是绝症，知识也解救不了。”现在很多人过得不好，并不是因为没钱，而是因为他们没有精气神，没有恰当的审美，不讲究生活情趣，生活剥露出最务实、最粗俗的一面，越来越追求实用化的背后，就是越来越平庸，越来越枯萎。

[1]

这世上实用的东西有很多，但是，幸福感和希望感却很稀缺。

最近有个热词刷屏——“空心病”。现代人时常会感觉疲惫，孤独，情绪差，感觉学习和生活没什么意义，感觉身心被掏空。

其实让大多数人感受到累和疲惫的并不是生活本身，而是他们的生活态度和生活方式。

过度追求实用，难免会焦虑，根本原因就是因为缺少生活情趣，过度忙绿，过度看重结果，从不安心于生活的精致与悠闲，即便他们并不缺这样的物质条件与感受力，他们喜欢刻意让生活变得粗粝清苦，活得就像坚硬的水泥地一样，毫无质感和幸福可言。

生活的真谛就是懂得享受生活、讲究生活情趣带来的心灵愉悦，从而使自己的心情达到一种舒畅或平静的状态，做事完全是自觉、自愿而且带着兴趣的。真正的随心所欲并不是指金钱的数量和方向，而是指心灵的自由。

生活会用平淡消磨我们的热情，做一些无用但喜欢的事，买一些贵但想要的东西，适时地取悦自己，唯有这种情趣能让你跟强悍的现实打个平手。有趣的人，一碗稀粥也能喝出玫瑰的气息。

[2]

记得在一篇文章中看到过一个这样的故事：

在饭店吃饭时，隔壁桌一对小两口带着老两口，儿子每点一个菜，就遭到妈妈的反对，“红烧肉48块，也太贵了，猪肉才多钱一斤，有48块在家里吃能吃好几顿。”就是这种“什么都不如在家里吃便宜实惠”的逻辑，最后把儿子惹生气了，直接丢下菜单：“都不合算，那干脆回家吃得了。”结果，当妈的高兴得很：“我早就说回家吃，自己做才合算。”

结了婚的女同学总是喜欢向我们吐槽她老公不懂浪漫，今年七夕的时候他老公给她买了一大束玫瑰捧回家，结果她暴跳如雷地对她老公吼道：“今天的鲜花比平时贵那么多，花这钱还不如去多买几斤蔬菜！”顺手就把花扔在了茶几上，最后还是四岁的小女儿拿花瓶插起来的。

在餐厅吃饭是比在家做饭花费高，情人节的鲜花也确实比平时贵许多，但是我们就是需要这种仪式感，哪怕多花些钱。

因为某种意义上，讲究生活情趣就是懂得制造仪式感。仪式感对于生活最重大的意义就在于，它能唤醒我们对内心的尊重，从而去尊重生活。

青春时代，我们敢爱敢恨，发誓这辈子一定要嫁给爱情；如今，多少人被催婚后就相亲，觉得对方凑合就谈恋爱了，然后就凑合着结婚，凑合着生孩子……过着凑合的人生。

我们就是这样输给了眼前的苟且，还用否定远方来寻求安慰。

看到朋友圈有人晒丰盛大餐，就说人家是炫富；看到人家夫妻恩爱，就说人家早晚也会吵架闹掰；看到有姑娘三十几岁未嫁，就嘲笑人家说是没人要的剩女。

不讲究生活情趣、不会生活的人，是怎样都不会拥有诗和远方的，因为他们根本就不懂什么是诗和远方。

[3]

美好的东西能抵抗生活中的沮丧和困顿，一个人专注于审美、讲究生活趣味的过程，就是纳悦自己、滋养身心、重获希望的过程。

第二次大战后，一个叫沃尔特斯的美国人在法国巴黎的大街上看到一片片瓦砾、废墟，他很担心地问当时美国驻巴黎办事处主任哈里曼说："你看他们还能重建家园吗？"

"能，他们能做到。"

"什么东西使你这样肯定呢？"沃尔特斯问。

"你看见他们的地下室里的桌子上放着什么东西吗？"

"放着一盆鲜花。"

"对！"哈里曼很有信心地说道："任何一个民族，当他们处在这样一个凄惨的境地，还能想到在桌上摆束鲜花，就一定能在废墟上重建家园。"

面对沮丧和困顿，依旧能讲究生活情趣的人，一定是对生活无限热爱、对未来充满希望的。

你看，讲究生活情趣真的很重要，就像林语堂在《人生不过如此》中写道："我们最重要的不是去计较真与伪，得与失，名与利，贵与贱，富与贫，而是如何好好地快乐度日，并从中发现生活的诗意。"

因为一个人只拥有此生是不够的，他还应该拥有诗意的世界。

[4]

生活情趣，就是用心地生活；生活情趣，更是一种获取幸福的能力。

一个好朋友，年过三十岁的她已经做到公司老总，不管多么繁忙，她每天都要抽出时间喝一杯自己喜欢的咖啡、搭配好喜欢的衣服和妆容再出门上班。她说："要生活得柔软一点，我们不仅要工作、带孩子、照顾家庭，我们更是个女人，要真正爱自己，爱生活。"

有次和她一同出游，事情结束时已经很晚了，我们就在路边随便找了一家便利店，我随便点了一碗馄饨胡乱扒了几口，一抬头，看到她放好酱汁和调料，认真地拌着那玩葱油面，又点了几个自己喜欢的小菜做搭配，然后认真优雅地吃起来。

那一刻，同把日子过得干枯的我形成鲜明对比，我扭头落泪，瞬间懂得：一顿饭都不好好对待的人生根本不值得过！

蔡澜，是纪录片《舌尖上的中国》总顾问，人称"食神"。作为和武侠大师金庸、词曲大家黄沾、小说家倪匡一起称为"香港四大才子"的他，靠着最"不起眼"的"吃喝"，成了大才子。

他写寻常煲汤："用一个双层搪瓷铁煲，底锅盛水，待滚，就可以把上面的锅装进去，这种煲出来的汤是炖的，很清，一点也不浊。"

他写最普通薄饼的吃法："包时留一个缺口，把汤汁倒进去，馅才润，皮才不破，是最正宗的。"

他笔下常见的花生，都别有味道："真是爱死花生。尤其是卤水，学问更大，餐厅里开饭前总有一碟，做得好的话宁愿整晚食之，也不多碰正餐。"

什么是有趣？有趣就是在最普通寻常的日子里活出甜味、活出雅致、活出清欢。有趣才是一个人最高级的性感。

据说为了尝到最真实、最用心的味道，蔡澜花费了很多心思：在不起眼的街边摊，他曾经蹲了几个小时，只为等待一碗热腾腾、满是人间烟火气的饭；也曾跑遍三山五陵、半个世界，去吃当地最有特色的食物；更是不惜推掉一切社交，奔波数万里，去尝一口最新鲜的河鱼。

对于懂得生活的人，“吃喝”这种小事也是非常有仪式感的事情，是最接近生活的本真。很多人总是豪气冲天、幻想着策马扬鞭奔去远方，可是只有认真踏实地过好了眼前的小日子，才能取得像蔡澜这样的大成就。

[5]

懂生活、讲究生活情趣的人是什么样的呢？

大约就像荧屏之外的周润发拿起相机，捕捉生活的美好瞬间；

汪涵读书、研究方言，活成了“烟火神仙”；

陈道明为女儿捏起糖人、面人，给爱人做手工包，总做“无用”之事。

大约也像松浦弥太郎这样，他被称为是“全日本最会生活的男人”。

在他创办的公司里，他对员工的要求是早上9点上班，下午五点半必须准时下班，周末也决不允许加班，多出来的时间，要用来陪孩子，和朋友看电影，或是在家做饭。他坚持一周买一次花，两周剪一次头发，坚持一年四个季节里，有四次不可错过的享受当季美食的机会。

在他的生活中，每一件细微的小事都有其重要的意义，也持续思考着什么才是生活中美的事物。平日里，他会用心地做食物，哪怕泡一杯燕麦片，煎一只荷包蛋，都值得被郑重其事地对待。

真正的生活情趣不是炫耀，而是像松浦弥太郎这样去感受、体验和理解。

工作、赚钱、地位等固然重要，但是生活才应该是一个人全部的事业。真正奢侈的生活就是幸福的生活，这跟有几套房、多少奢侈品包包、开几百万元的豪车没有太大的关系，因为真正热爱生活，内心幸福充盈的人，即便是住在临时板房里，依旧有搭个花架种几盆花的情趣。

生命要浪费在美好的事情上，就像梁文道说的："读一些无用的书，做一些无用的事，花一些无用的时间，都是为了在一切已知之外，保留一个超越自己的机会，人生中一些很了不起的变化，就是来自这种时刻。"

人这辈子很短，重要的不是到达，而是过程。如果仅因所谓的"优秀""成功"，逼着自己狂飙前行不管不顾，抛却琐碎日子里所有静候和热爱——那压根不算上进，而是无谓的没有意义的较劲。

毕淑敏说："你必得和日月星辰对话，和江河湖海晤谈，和每一棵树握手，和每一株草耳鬓厮磨，你才会顿悟宇宙之大、生命之微、时间之贵、死亡之近。"言外之意，就是你要真正地学会生活，才能感受到生活的乐趣和意义。

优秀者生活从来不靠正能量和鸡汤，而是靠不慌张，任何时候都有享受生活、讲究生活情趣的心境。只有经过爱，见过美的人才能拥有一种强大和勇敢，从而对抗世俗的粗糙。

就像微博上有人说的："眼眸比身体性感，杯碟比食物味浓。衣着精简，心不外想，睡到足。爱钱不腻富，爱诗不添醋，山林自有雪雾。做最世俗的人，聪明绝顶，说最混账的话，情深义重。"

讲究生活情趣，过一种有审美力的生活是一种能力，这种精致生活的背后，其实是一股子热爱，需要有一颗从容不乱的心，或者说，能把普通的日子折腾得会发光。

愿你们在匆忙疾驰的都市生活中，慢下来给自己的生活制造一些愉快的时刻；愿你们身体和精神都健康，把平凡普通的日子过得会发光。

幸福并没有你想的那么复杂和遥不可及

估计很多人都会回答：不满意。恭喜你有前进的动力，悲哀你一生像追日的夸父，累死路途中。满足！你这一辈子也就这样了。人活在这两者的过渡区，位置自己来调节。自己是谁？自然，老子所说的“道”。

我之前对生活也不满意，于是不断地寻求改变，后来我认识到：缺的那个才叫幸福。吃穿不缺的人对吃穿无乐趣，自然在吃穿上也体会不到幸福。

前不久我辞职了，在辞职以前，觉得自己当老板好，很多事可以自己决定，财富也可以持续积累。早上想睡到几点起来就几点。辞职后我体会到给自己干更累，也不像此前想象的那么自由。

要说辞职后悔了，也错。不辞职永远不会懂得这个道理，会永远停留在羡慕别人单干的阶段。经历是财富，让我内心牢固丰满。经历是生命大锅里的粥，酸甜苦辣都是佐料，少了苦味如同缺盐。

这么说读者以为我是受虐狂。其实我也知道白面馍好吃，但在只有黑面馍吃的时候，我会用心体会黑面馍的优点，而且知道不吃黑馍体会不到白馍的香，理智让我常吃黑馍。我强调的是要用理智驾驭情感，把烦恼扼死在受精卵阶段。

这段时间发生了一件事情：由于辞职在家时间比较自由，也不用担心第二天上班精力不集中，我一连坐在客厅沙发上看了七个小时电视剧，第二天洗脸时扭了腰。

我去看医生，医生说生活不规律，加之我之前是伏案工作的，典型的腰椎间盘突出。我当时痛的连在床上翻身都困难，但我把扭腰当好事看，庆幸这次扭腰，使我感受到健康有多重要。

我之前从未有过扭腰的体会，虽然大街上常看到病人，但病的不是自己，体会不到伤了腰的人行动到底有多困难。我坚信自己很快就会康复，康复后我体会到一个健康人本身就拥有很多财富，而此前我不知道自己有这么多财富。

现在清晨醒来，我在思考什么是幸福？知足就是幸福，珍惜现在的一切，用心感受自然，感受生活就是幸福。幸福就是接受现在，接受缺陷，又对生活抱有美好的希望。扭腰的事给我的体会是如果你未曾失去，就永远体会不到什么是幸福，失而复得才是幸福。

有人说我本来就没有，哪敢说失而复得。要知道缺陷是痛苦，本来没有就是说你连缺陷的意识都没有，有何谈痛苦与不幸。一个从未生病的人是不会体会到健康的、幸福的。所有的不行幸都是比较来的，没有参考物自然没有痛苦。

即使是含着金汤勺出生的富家子弟，物质没有受过穷，精神上没遭受过下人的冷眼。他在物质上从小比穷人家孩子富裕，但感受不到，精神也未必有普通家庭的孩子富裕。这么说有点仇富，我更喜欢揭示被人忽视的道理。物质体现精神的丰富，但也有假象。

我有一邻居，家里是开工厂的，以前住厦门，夏天来这里走亲戚，就喜欢上这里。立马在这里买了一套房，全家搬过来住。我有幸和这对夫妻聊天，他们都接受过良好的教育，待人大方热情，见识很深是我不能及。

他们的生活正是我向往的，说实话多少有些羡慕。但理智告诉我他们有自己的烦恼，我不该羡慕任何人，要羡慕就羡慕自己。我没有完全褪去世俗的愚昧。一个人不能把所有事全部搞定，是人都有烦恼，有烦恼是幸福的。一个没有烦恼的人才真的不幸。

我每天都会遇到烦恼，生活在烦恼包围之中，我思索人活着的意义。人世间只有两样是真实的：因果和无。因果不用说，老子说天下万物生于有，有生于无。我深信不疑。烦恼天天有，不想自然无。

换言之世间一切都是无中生有变出来的，烦恼也是变出来的。人们有追求幸福的本能，幸福用什么来制造——烦恼、苦难。天下皆知之为美厮不美矣，故难易相成，高下相依……恒也。追求幸福即是本能，烦恼也是人的本能。

山里的放羊娃本来生活得很平静，记者给他带来了大都市繁华的信息，让他在内心燃起希望，从而产生想离开山区去都市闯荡的想法，但因为自己没有技术却难以过上自己想要的生活，进而产生烦恼。

烦恼是幸福的魔咒，求幸福的人都会被他诅咒。但人类不会因此放弃对幸福追求，就像飞蛾对火的执迷。幸福求之愈坚，烦恼越深。用失望来烘托希望，用苦难的体会来成就幸福。

人的幸福和他占有多少资源没有关系，但和他过去的努力有绝对关系，取决于从无到有的量化幅度。已有的资源不能带给人幸福感，就像你不觉得有水幸福，但缺水的时候，你一定因为有水幸福。

人类的生物本能产生感官和欲望，感官刺激欲望，产生需求，进而产生人类社会，自然界其他生物也是如此，万物并作气象森然。这就是生命的本质——欲望取悦生命，没欲望的生命是一摊死灰，而生命是自然。人是被欲望驱赶的奴隶，还是欲望的主人？

至虚极守静督，万物并作吾以观复。生命本质是道，但人不认识自己！道有规律吗？我宁肯认为它没有规律。我赞叹它的神奇，造化世界非人能理解，上望星空下视海洋，不免又想起那个古老的问题：我是谁？

再回到本文开头的问题：你对生活满意吗？千百年来的先人用自己的生活回答了。我又一遍地问自己：我是谁，在干什么，应该干什么。这是一个最好的时代，也是一个最坏的时代；这是一个智慧的年代，也是一个愚蠢的年代。

生活什么滋味，全由你决定

带着希望，

带着信念，

好好去经营自己的生活吧。

你的生活是怎样，

全在乎你自己。

勇敢一点，不妨再尝试一次

我是一条八爪鱼，喜欢栖于多岩石海底的洞穴或缝隙中，悄悄藏起来的感觉真棒。每天和小伙伴们不亦乐乎地玩着游戏，多年来已成为习惯，尽管每日重复的生活有时也略显枯燥，但我依旧过得舒适和安逸，我是一条懂得知足的鱼。

某一天，人类无意间发现了我们，不久之后科研人员开始报道，说我们是地球上曾经出现的与人类差异最大的生物之一，还发现我们有两足行走的本领，据说是因为我们有“概念思维”（吉姆·科斯格罗夫发表于《费加罗杂志》）。他发现了我们有发达的眼睛，他说我们有三个心脏，两个记忆系统……他的发现让更多的人类对我们产生兴趣，强烈的好奇心驱动下，他们展开了各式各样的科学研究。

不知从何时开始，好多小伙伴莫名其妙地被抓走，再也没有回来过。恐惧渗透到每一个角落，紧紧地笼罩着每一条鱼。母亲开始承担起捕食的重任，她临行之前反复叮嘱我们，要藏在缝隙里不要出来，然后亲吻我们的额头告别。每次妈妈走的时候总会突然回头来检查我们是否藏得好，也许是我眼花了，那天我竟看到了母亲转身时，眼里满含的泪，可为什么要哭？一会儿不就回来了吗？我不懂。

那天，我们等到好晚，也没见到妈妈的身影，哥哥用爪摸摸我的头说，妈妈可能是游到比较远的地方了，等我一觉醒来她就回来了。我好饿，倦意袭来，不知不觉我进入了另一个世界，我看到了一条船，上面放着好多玻璃瓶，里面有好多鱼，看着他们不停地怕打着瓶子，却只是徒劳。那里还有好多奇怪的东西，我看到了一张大网，那张即将收紧的大网里不正是我的母亲吗？

“妈妈，快跑啊！妈妈，快啊！”我大声地嘶喊，可却发不出半点声音。我试图冲过去，却无法动弹。无助的我，不停地扭动着身体，用力地挥舞着爪子，想要挣脱让人窒息的束缚，却只是徒劳。

“快醒醒，快醒醒！”一声声的呼唤中，我艰难地睁开双眼，眼前是满眼担忧的哥哥，挂满眼泪的双颊，我情不自禁地八只小爪一齐上去，紧紧地抱着他，泣不成声。

哥哥说：“也许妈妈去了很远的地方，很久才会回来。”这样的别离对年幼的我们太过残忍，可那又该怎么办呢？离别就是一次撕裂的痛，我们每天都在经历，却依旧无法阻挡事情的发生。

有人说过：“幸福就是，生活中不必时时恐惧。”而我的生活，却在无尽的恐惧和担忧中，一刹那摔得粉碎。原有的安逸一去不复返，守着空了的家，我不知道该怎么办？唯一不变的是每天依旧会担心，只是这一次，变成了担心最后的家人——我的哥哥。偶尔，我也会在夜里出来转转，但不敢再走太远，人类太恐怖了，那些没见过的东西，小伙伴只要靠近就会被带走，不知去了哪儿里，不知他们现在怎么样，我只能守在这里，只是，他们似乎再也不会回来了。

终于，哥哥也走散了，那天，哥哥说要为我找些美味，他说，我太瘦了。可是，这一别，却成为永别。我依旧记得八只爪上还留着拥抱哥哥时的温暖，只是，回忆里的温暖，被现实的残酷，击打得七零八落，再也无法凑齐原有的模样。

忘记了有多少天没有吃东西，忘记了眼角的苦涩是眼泪还是海水？心被狠狠地挖去一块，每每夜深人静翻开都是那么的触目惊心。我想，生活也许就这样了。我放纵地放开自己的八只小爪，就这样肆意地漂荡在水面上，等待着自己被带走的那一刻。

耳边传来阵阵清脆的歌声，声音清澈得很，深深地敲打着我的心，但我知道也许危险也正在靠近，而自己早已做好了迎接死亡的准备。

“爸爸，你看，这鱼是不是死了，怎么一动不动。”小女孩的声音在耳边响起。紧接着我被捞了上去，狠狠地丢在了一条船的甲板上，然后有人用棍子来回拨弄着我的身体。

“正好当晚饭吧。”

“我不要！”我的身体被一双软软的小手抱了起来，“他没有死，他只是饿了，对不对？他只是找不到回家的路了。不要杀他，爸爸，不要！”

“哎，那交给你吧，不想养的时候，再拿过来吧。”

“才不会呢！”

下一刻，周围突然温暖了起来，我是死了吗？挣扎着睁开眼睛，发现自己被放进了一个很大的鱼缸，一双黑色的眸子正在好奇地盯着我，看我醒来，竟高兴得手舞足蹈，还将手伸到水里摸摸我的头。可恶，那双手怎么会如哥哥一般温暖呢？她在说着什么，为什么看起来这么开心？好想去细细地看看，可心里的厌恶与恐惧却让我收回了正要伸出的小爪，重新回到假死状态，蜷缩着我的八只小爪，任凭时间溜走，也任由女孩渐渐安静，走远，只留身边无限落寞。

女孩每天都抓一两条小鱼来逗我，我故意不理她，等她失望离开后，我才把小鱼圈在怀里逗着玩。其实，曾经我也是一只勇敢的八爪鱼，我敢于尝试小伙伴都不敢做的事情，比如我可以游到离人类很近的地方，然后回去和小伙伴们炫耀我的勇敢之旅。可这次，我的勇敢却被抽空了，家人的离去，让我久久难以平复。陷入过去的回忆中，心早已倍感疲惫，却无奈已进入一个怪圈，悲伤得难以自拔。哥哥的声音无数次出现在我的梦中，睁开眼后，微笑的嘴角却只能在水中成为一个滑稽的自嘲，心里只有大片的荒芜和无尽的失落。

若干天后，当歌声再次在耳边响起的时候，好暖的声音，我不禁睁开了久闭的双眼，一双好亮的眼睛依旧关切地看着我。这一刻心里如此渴望回馈给她一个微笑，可女孩的笑容太过耀眼，我始终无法直视。长久以来的抑郁心情，让我忘记了如何接纳快乐，女孩不懈地坚持和努力，她总是带来满满的希望，让我再也无法逃离。她就这样看着我，歌声里的心疼，倒影在温暖的笑容上，让我冰封已久的心开始融化。我试着放松，渐渐平复着伤痛，静静地由她的歌声将我带到很远的地方，那里写满了和家人快乐生活的点滴。

我开始学着接受，接受改变不了的现实，重新正视处境，我竟也想到了将来。习惯了悲伤，可我不再想无限制地悲伤；习惯了焦虑，可我不再希望永远焦虑。我想找回之前的快乐，找到那个平衡点，让生活重新开始，尽管我无法改变现在的处境，但我想要试着去体验阳光的暖，还有歌声里的心安。

女孩依旧会摸摸我的头，在我面前蹦蹦跳跳，我也不再继续装死，偶尔也会摆一个滑稽的造型逗她一乐。她会和我倾诉她的心事，一个小女孩的快乐与悲伤，我也会给出建议，尽管只有八只爪在手舞足蹈，但她总是懂得。我感受到了久违的尊重和信任，以及两种情感碰撞后产生的勇气。被信任的人，会产生一种责任感；而被信任，何尝不是一种幸福。

终于，我开始试着告诉她，我想回归海洋，我想念我的家。她避开我的眼睛，依旧继续着原有生活。但我想，她是懂的。要不她的歌声里怎么会开始流出丝丝缕缕的悲伤？要不她怎么开始逃避和我的单独相处？要不她怎么总会悄悄摸我的头？

那天，我还在睡梦中，夜的大幕才正式拉开，耳边传来了那个熟悉的声音。

"我知道，你只是找不到回家的路了，我知道，那天你只是饿昏了。我知道，你也想念你的爸爸妈妈。可是，我多么希望你可以不要走啊。暴风雨带走了妈妈和姐姐，只有爸爸和我，你就像上帝赐予我的礼物，你竟听得懂我说话，太神奇了，我终于有了小伙伴，可是，你也要离开我……"说着大颗大颗的晶莹滑入鱼缸，一滴滴落进我的心上，那夜，我失眠了。

次日，女孩带着我随父亲一起出海。看着熟悉的大海，我开始在缸里游来游去，努力着想伸出脑袋感受海的味道。船停了，女孩软软的手将我抱了出来。

"我知道，你也想家了，想妈妈，像我一样，我不该自私地留你来陪我，回家吧，找到你的爸爸妈妈。"

她轻轻地将我放入水中，温暖的浪推着我离小船越来越远，我忍不住回头看着她，我看到了她还在使劲朝我挥着手，我听到她喊着"要快乐，要幸福"。我记得她灿烂的笑，明亮的双眸，还有那颗如我一般受伤后正在自愈的心。

"你也要快乐，你也要幸福！"我在水里拼命地旋转，留下只有她懂的祝福。抬头看着远处正在冉冉升起的太阳，我记得她告诉我"太阳象征着希望"，放下了背负着的悲伤，怀抱着满满的勇气，我想去寻找真正属于我的地方，属于我的家！

也许你在经历着生活中的残酷，也许你失去了亲人的关爱和呵护，也许你被失败折磨得失去前行的勇气，也许你将自己的内心紧紧包裹，不愿再与他人倾诉。可是，亲爱的，请试着深呼吸，让久陷悲伤的心，慢慢走向平复。请试着给自己一点勇气，再去尝试一下，也许下一个风景里便是春暖花开。

不要为你的人生找那么多借口

[1]

一位学生过来找我咨询。

学生："老师，我对未来感到很迷茫，你能不能帮帮我？"

我："恩，你感到很迷茫，是因为你对未来没有明确的目标吗？"

学生："我有目标啊。我想学编程，然后去做游戏开发。最终，我想开发出一款超级棒的手游。"

我："哦，不错，很有野心嘛！那你既然有目标，为什么还会感觉迷茫呢？"

学生："可是，像我们这种二本学校毕业的学生，根本就没有机会进入优秀的公司啊！如果进入不到优秀的公司，就没有办法和优秀的团队一起开发游戏了啊。"

我："哦，那下面我们就一起来探讨一下，是不是二本的学生就真的没有办法进入优秀的游戏制作公司了呢？你是如何得出这个结论的呢？你是否能够找到例外的情形呢？"

学生开始陷入了沉默。我没有刻意去打破这种沉默，因为我知道沉默就意味着思考和转变正在慢慢发生。

过了一小会儿，学生打破了沉默："也许二本的学生会有机会进入好的游戏公司，可是这种概率太小了啊。"

我：“想要有所成就，走哪条路都不容易。你已经有了明确的目标，在这一点上你已经超越很多人。要不接下来，我们一起来具体探讨一下，如何才能逐步实现你的人生目标以及如何才能成为一名优秀的游戏软件开发人员？”

学生：“可是，老师，我根本就不是学计算机专业的啊！”

我：“哦，据我所知，学校有相关的转专业政策，你可以考虑转专业啊？”

学生：“可是，老师，转专业很难啊，需要参加转专业考试，同时对第一年的学习绩点也有很高的要求，万一转不成专业该怎么办？”

我：“转不成专业，你依然可以在不耽误所学专业的前提下，参加相关的培训或者是考取相应的资格证书啊。”

学生：“可是，老师，这种考证培训通常需要花很多钱，而我只是一个穷学生啊！”

面对这么多的“可是”，我一时语塞，感觉自己的心好累。

[2]

前些日子，有人在网上向我请教问题。

提问者：“老师，我是一名乡镇上的小学老师，干了五年了。我感觉周围的环境太封闭，没有任何挑战性。我对教学也没有什么兴趣了，因此想去市区重新找一份工作，您觉得可行吗？”

我：“你有一颗想要追求更好生活的野心，说明你不甘平凡，这点很好。既然你已经挣扎五年时间了，相信你各方面应该考虑都比较成熟了。而且和刚刚毕业的大学生相比，工作五年的你，也一定有了一定的经济基础，即使一时找不到合适的工作，生活也不会过得太艰苦。如果是这样的话，你可以大胆做出决定，去市区找份工作，慢慢起步，去过你想要过的生活。”

提问者：“可是，老师，我对自己的能力没啥自信。我担心自己没有一技之长，去了市区之后根本就没有办法养活自己，该怎么办？”

我：“哦，那你就再多给自己一段时间，骑驴找马。利用业余时间去学习或打磨自己的一项核心技能，等到有了一技之长之后，再去跳槽吧。”

提问者：“可是，老师，我不知道自己应该打磨哪一项技能啊？我曾考虑过成为一名心理咨询师，但又不知道自己是否真的适合做一行，我该怎么办？”

我：“哦，适不适合做心理咨询师，要根据你的个人情况决定。我建议你去读一些心理咨询方面的书，然后看看自己是否真的感兴趣再做决定。当然，你也可以报一个心理咨询师的培训班，接受一些专业的指导，建立一些这方面的人脉。这种方法或许更加直接一点，可以更加地快速解决你的一些疑惑。”

提问者：“可是，老师，我听说报心理咨询师的培训班通常都会很贵。万一我不适合做心理咨询师，培训费岂不白白浪费了！”

面对这么多的“可是”，我一时语塞，感觉自己的心好累。

[3]

各位亲，不知道读到这里，你是否会有和我一样的感受？

当我在和这些喜欢说“可是”的来访者进行交谈的时候，每当来访者说完一个“可是”，我就会觉察到自己的心里就会产生一种无力感，或者是一种深深的疲惫感。

因为我感觉自己的种种积极尝试，都被来访者那么多的“可是”给拒之门外了。

在长期做心理咨询的过程中，这种感觉并不陌生。这种善于说“可是”

的行为背后，其实隐藏着两种深层次的心理原因。

首先，善于说“可是”的背后，是一种自卑的心理在作怪。

那些善于找借口的人，在骨子里往往是一个自卑的人。那么多的“可是”背后，实际上就是一个自卑的人在通过找借口的方式来维持自己脆弱的自尊心。

找借口的潜台词就是：你不能怪我的能力不强，我之所以无法实现目标是由于某种客观条件限制所造成的。

也许有人会说，那些善于找借口的人，好像都有很大的野心，看起来并不自卑啊？

其实，我们可以把野心看成是自负的一种表现。自负和自卑就像是一枚硬币的正反面，它们的共同点就是——没有办法客观地认识自己。而自负只不过是对自卑心理的一种过度补偿罢了。

其次，善于说“可是”的背后，是“逃避问题”的思维方式在起作用。

只要认真观察，你就会发现，那些总是在说“可是”、不停地在为自己找理由的人，根本就不想真正地去解决问题，他们总是在逃避问题。

不管有多么好的解决问题的策略摆在他们面前，他们总能快速地找到理由去否定这些策略。他们排斥采取任何实际行动去改变现实。

“逃避问题”的思维模式，实际上是很多心理问题的根源。斯科特·派克在《少有人走的路》一书中指出：

“规避问题和逃避痛苦的趋向，是人类心理疾病的根源。人人都有逃避问题的倾向，因此大多数人的心理健康都存在缺陷，真正的健康者寥寥无几。有的逃避问题者，宁可躲藏在头脑营造的虚幻世界里，甚至完全与现实脱节，这无异于作茧自缚。”

[4]

下面，我们就来看一下如何才能摆脱总是喜欢说“可是”的思维方式。

问题的答案隐藏在下面这道选择题当中：人生有两种痛苦——“逃避问题所带来的痛苦”和“直面挑战所带来的痛苦”。在生命的旅程当中，我们每个人都必须要从这两者之间选择一种痛苦去承受。

你会选择哪一种呢？下面，就让我们分别来看看这两种痛苦吧：

第一种痛苦是“逃避问题所带来的痛苦”，这是一种消极的痛苦。

为什么说这是一种消极的痛苦呢？因为当你逃避问题的时候，问题会一直摆在那里，无法得到解决。虽然你可以不断地说“可是”，找各种各样的理由，拒绝做出改变。但是最终的结局就是，你退到无路可退，人生的道路越走越窄，而且这种痛苦演变成心理问题的概率非常大。

第二种痛苦是“直面挑战所带来的痛苦”，这是一种积极的痛苦。

为什么说这是一种积极的痛苦呢？因为你已经开始动手解决问题了，虽然在解决问题的过程中会碰到很多的困难和挫折，但是在解决问题的过程中，你的潜力得到了发挥，你的能力在得到增长，你变得越来越强大，最终成为了生活的强者。

简单总结一下：人生有两种痛苦，你可以选择消极的痛苦——不停地说“可是”，退到无路可退，最终发展成严重的心理问题。你也可以选择积极的痛苦——勇敢地面对生活中的各种挑战，经受种种磨炼，最终让自己变得更加强大。

相信答案已经很明显了。这一切，都在你的掌控之中。

人生是一场漫长的修行之路

所谓空心人，是指听从一切比自己强有力人安排的人。如果你是年轻人，从现在起为自己的人生负起责；如果你是父母，那么也请停下来反思一下自己的教育是否在把子女逼成空心人。

[1]

2013年，我大表哥去世了，刚好满40岁。

表兄的死对我震动很大，他让我想起阿娇。一个湖南乡下的小学教师和香港女明星能扯上什么关系？我老觉得他们说话的方式和表情很像。很多年前，我开玩笑问我那结婚多年的大表哥，你怎么不去追你初中时喜欢的那个女同学呀，他游移地说："我父母不让呀。"那表情几乎和阿娇一模一样，一个出道十来年、一个32岁女明星，和一个有儿有妻的35岁男人带着相同的表情，有点负气，又有一点不关我事的冷漠，好像那条命不是自己的。

我的大表哥是我童年时的偶像，他大我几岁，我从小就很崇拜他，因为他很帅，又很酷。别的孩子流着鼻涕问大人要饼干的时候，他总会带着略带嘲弄的表情躲在一旁。他好像对什么都不上心，对什么都不上紧，有一种贵公子的洒脱。其实我不明白像我们这样的普通家庭里怎么会有他这样的气质，基本上普通湖南家庭里头培养出来的孩子，个个心里都有一千只心眼。但是表哥不一样，他心里有一千只心眼，但他一只也不愿意动。

我想这大约因为他根本不需要跟人动心眼，他是我舅舅生了五个女儿之后，好不容易才生的儿子，他是老夫妇的心肝儿。他的同学回忆说，在别人还在穿绵纶裤子的时候，盼来就穿上了毛料裤子——我舅舅是当地中学的校长，景况不错，家里但凡大表哥要什么，都是肯的。小时候，我最爱去大表哥的房间，因为那里永远是最干净、最漂亮的，有好多玩具好多书，完全不像是农村孩子的待遇，甚至比城里娃都要好。

大表哥人不错，善良，单纯，但他贪玩，喜欢轻松。父母把一切都给他铺好了，他成绩一直不怎么样，他也不在乎，反正有父母给他张罗。先是张罗到外面打工，后来又张罗他去中专学习。家里给他左走关系右走关系，终于顶替老父亲当了一名老师。他原来喜欢班上一个女同学，父母不同意，他也没怎么争取，很快就跟父母相中的一个姑娘结了婚。

按一般人的理解，婚也结了，班也上了，该好好过日子了，可是他不行。老师那份工作，他嫌工资低、又累，经常不去，跟着村里的混混们天天喝酒打牌。喝着喝着，就跟老婆闹翻了。喝着喝着，身体就不大好了，喝着喝着就奔着肝硬化去了——很多年后，我回老家看到他时，他已经有一点呆呆的了，但人还是很帅，很好，带着我们去划船，看鸟。我叫他要注意身体，他就羞涩地一笑。

后来境况越来越差，他得了肝腹水，工作由老婆顶了，天天病休在家，越发喝得多，喝到小脑萎缩。后来听人说他老婆跟别人好了，他气得要拿刀子去杀人，被人劝住，说，你不中用了，难道还不让女人有条活路。再后来，他就成了一个病人，常常被送去医院，但一出来就又喝。姐姐们不胜其烦，有一次姐姐就说，你真的不要再喝酒了，再喝姐姐就不送你去医院了。结果一语成谶。有一天晚上他吐血，一直坚持着不让人送他去医院，四十岁不到就死在了家里。

我常常想起我的这位表兄，在想他为什么走到了这一步，想来想去也想不明白。对于艰难的生活，他双手一摊皱起了眉头的样子让我想起阿娇。当然，我还想起我生活里很多其他的人，比如我初中美丽的同桌。她父亲要她嫁给厂里书记的儿子，她就嫁了。婚后一不如意，她就怨她父亲，“就是我爸非要我嫁”，一直怨到离婚怨到得忧郁症。

[2]

还有我的一个邻居，这位哥哥吹得一手好笛子，俊秀飘逸，原来是工厂里一名优秀的青工。女朋友是同班同学，跳舞的，身段儿绝好，神仙眷侣一般的人物。但是不知道什么原因，他在买水果的时候和女摊主就搞上了，一来二去不知怎么就分不开了。在他，那只是一段艳遇，但在那女子，却是改变命运的窄门。那决绝的水果西施就和打她的老公离了婚，一会儿割腕，一会儿上吊，非要嫁给这位哥哥，闹得全宿舍区都轰动。到最后，他只得娶了她，失去恋人，丢掉工作，更和家里断绝来往。

当水果摊主的生活不如意，他越发喝酒打牌骂老婆，那意思是：“你不是要我吗，你不是要毁了我的生活吗，那我就毁给你看……”

我最近一次见他是在清晨的雾里，那天我去机场赶长沙的早班机，发现他现在就睡在马路旁的水果摊边，胡子拉碴，睡眼蒙眬，就着马路边的水龙头正在洗脸。看上去像个真正的水果摊主，一点儿也没有当年吹笛子的神态了。过了一会儿，他的老婆起来了，跳着脚骂着儿子太懒，三个人各说各话，像一个家里的三个游魂……

[3]

有时候我常常会想一个很可笑的问题，到底是什么决定了我们的命运。

我朋友陈思呈的回答是，悲剧性的性格决定了悲剧性的命运，而悲剧性的命运又加深了悲剧性的性格。

很多人的人生悲剧在于他们不想承担自己的命运，于是，他们选择了一种看似很轻松很讨巧的方式，他们让别人决定他们的命运。因为这样一来，他们就可以在最崩溃、最失败的时候不用内伤，而可以堂而皇之地把手指指向别人。你看你看，我这么惨都是因为他们，是他们要我这样做的——他们通常是指父母、公司，一切他们生命里强有力的组织和个人。“因为他们，我才混得这么惨！所以，你们别找我，你找他们。”我管这叫耍人生的赖，说这种话的人，成年之后还像一个受尽委屈的婴儿，他们心里空空的，像游荡在这个世上的空心人。

中国盛产空心人，空心人通常都是特别乖的孩子，不给父母添麻烦，不敢与大人争论，听从一切比自己强有力的人的安排。在空心人的世界里，语境是这样的：我不选择，我就不用负责，我不选择，我就不会犯错——错都是别人犯的，或者是别人逼我犯的。他们都称不上坏，甚至称得上善良，但他们通常都一事无成。他们放弃了掌握自己人生的机会，巧妙地把责任推卸给旁人，而通常他们都怨恨终身。

心理学家武志红有一句话让我印象颇深，他说：“生命的意义在于选择，不断自我选择的过程就是成为自己的过程，是我们最重要的生命欲求之一。”也就是说当一个人放弃了选择人生的机会，那就几乎相当于放弃自己的生命——没有自我的人从来没有真的活过。

从前京戏《追鱼》的结尾有这么一段对话，观世音问鲤鱼：“不知你愿大隐还是小隐？”

鲤鱼回问：“大隐怎的，小隐何来？”观世音回道：“大隐拔鱼鳞三片，打入凡间受苦，小隐随吾南海修炼，五百年后，得道登仙。”听到这一段，内心无比震动，我们都以为随菩萨修行是修行，其实比随菩萨修行级别更高的修行是在人间修行。

确实，人生就是一场修行，活于人间是一场大修行。可能要经历上千亿年的机缘，你才终于可以来人间一趟，可是你却闭上双眼，合上双耳，不修不行、随波逐流、生命荒芜一片，多么让人伤感的选择。

你需要给你的生活来点不一样

[1]

小时候的记忆大多在吃的东西上，即便在物质贫瘠的年代，因为爸妈的爱与用心，我也从没有感觉到生活辛苦。

我的童年和少年时光里，弥漫着爸妈厨房里的饭菜香，晃动着奶奶菜篮子里的糕团，外婆做的糯米丸子，姑妈家的下午茶点，还有弄堂里一声声叫卖“桂花甜酒酿”。

爸妈家的早餐桌是最为丰盛的，粥饭、汤面、小菜，也会自己制作点心，配茶，咖啡，小孩子一定要喝牛奶。

受家庭影响长大后的我也重视三餐的营养搭配，荤菜以鱼虾为主，少量鸡肉和牛肉，很少吃猪肉，每餐都有蔬菜，而且吃蔬菜多过米饭。

家里的饭碗都是最小的，要么干脆不吃主食，要么每餐一小碗，再好吃的菜也不会多盛一口饭。

花两个小时认真做好一顿饭，哪怕一个人也用漂亮的碗盘盛了细嚼慢咽，你一个人更要好好照顾自己，胃里暖了心才能安了，厨房是家初始的地方。

充满烟火气息的家庭是幸福的，这样的原生家庭培养出的自信度与幸福感，最终会让我们变得非凡。

[2]

中学离家较远，需要早出晚归。

爸妈每天比我早起一个小时，做早餐的时候还要把我中午要带的饭菜做好，学校有食堂，但爸妈觉得不够营养。

冬天的早上，我们家的厨房总是最早亮起灯火，爸妈一起做饭的身影，就是我心中爱情最早的模样。

送我坐上学校的班车，妈妈先去菜场买菜，然后再上班，一年四季都早睡早起。菜，总是早上的最新鲜，各种颜色飘着清香，带着花朵和露水。

爸妈说过："吃上不需要省钱，吃顿好的，你的人生观都会改变。"

人生观就是我们立身处世的一种态度，爸妈用他们的实际行动告诉我："做饭吃饭里也有情趣与见识，选择什么样的食材，就是在选择什么样的生活方式。"

当你真正走进吃这件事，也就真正走进了生活，当你选择了做更好一点的人，你想过的有品质的日子也就快来了。这是见识。

会做饭的人都自带光芒，在照顾好自己的同时，如果我们也有能力照顾别人，幸福也就传递开来了。这是情趣。

[3]

爸妈从来不要求子女做家务，更没有教过我们做饭，但我们三个长大后都会做一桌子的好饭，耳濡目染得到的东西深入骨髓，并且会一代代传承。

好多年里我坚持做好手边的事，工作就拼尽全力，回家就做饭吃饭，和境遇无关，和金钱无关，和男人无关，只和自己有关。

于是我一直拥有温暖的家，穿睡整洁的床，安全感从自己心底升腾起的时候，外面再大的风雨也不怕，谁离开我都可以，我亦不会说再见。

北京这样的城市里，现在拥有全世界最丰富的货架，会吃的人还要懂得什么季节吃什么，八月是云南松茸的季节，九月是苏州鸡头米的时令，十月的大闸蟹母蟹最美，十一月新疆的冰糖心苹果上市，十二月开始订购各地腊味炒菜和煲汤，等等。

只要在网上下单，便捷的物流甚至会在当天送达，保证新鲜美味不流失分毫。

除了美味的诱惑，研究食物的来源也是一种乐趣。采购食材的过程更是一种学习的过程，包括产地、口味、做法和搭配。

为了买到最满意的东西，我了解自己生活的城市中各个超市和菜市场的货品，一些特殊的食材或许要跑到很远的超市才能买到，但我从不会觉得这是在浪费时间，而是在寻找幸福的味道。

[4]

一位单身女友上周去相亲，对方约了午饭，地方一家京城老馆子。

女友是南方人，也是个会做饭生活讲究的苗条吃货，我跟她说：“他应该不是个注重吃的人，而且固守老习惯，年龄至少50岁以上了。”

果然，男人年龄更大，自己选择的饭馆，菜上来的时候却这也嫌油腻，那也不想吃。

女友问：“那你平时都喜欢吃些什么？”男人回答：“我这岁数要养生了，吃得清淡，休息的时候用高压锅煮五谷杂粮的粥，放在冰箱里可以吃一个星期。”

女友不解：“每天下班吃剩的冷粥？”男人又说：“我们单位有食堂，

可以带食堂做的热粥回去和冰箱里的粥拌在一起吃。”

然后，就是女友长时间的沉默了。我们见面时谈起此事，女友感触：“吃不到一起去的人是没办法过下去的。”

陌生男女能不能相处下去，吃一顿饭就看出来了，因为吃饭的习惯和对食材的喜好，都透着一个家庭的教养和层次，饭没吃完门当户对这件事就已经一清二楚了。

[5]

我遇到过说“你这样吃东西就是矫情”的矫情者，说“喜欢我的人就会喜欢我的一切”的胖子，说“女人找个好男人嫁了就什么都有了”的怨妇，说“什么都可以先凑合，我现在要做的事情就是赚钱”的穷人。

不会做饭，吃就是乱吃，用也是凑合，家不像家，工作敷衍，婚姻也可以将就，放纵自己的人生始终是失败的。

现在这个年代，小时候的味道已经很难找寻，食材变得越来越不健康，甚至还会吃出病。

所以我们更要精挑细选，亲手为自己和家人做汤羹，不吃剩菜剩饭，拒绝街头和货架的垃圾食品，这才是养生的第一步。

女人养颜，吃也是重中之重，吃什么和吃多少，都需要我们去学习和了解。

吃上，能省下来的都是以健康为代价，能抠出去的都是本该有的快乐，人生苦短，从嘴里省钱实在是不值得。

每个月去咖啡馆吃一两次早餐，或是去特色餐厅品尝自己做不出的好东西，即便你的人生观不需要改变，也会因为舌尖有了更丰富的味觉层次，心头再次升腾起对生活的新希望。

别忘了，人生还有无数种可能

[1]

妈妈曾经是村里的第一个女大学生。

她的整个求学过程，都被嘲笑笼罩着。村里人对外公讲，送女孩子上学等于“打水漂”，外公也一直试图说服她，要不就算了吧。放眼望去，村里大多数女孩都“算了”，小学时，班上还有一半的女同学，妈妈还能在里面找出自己亲戚，初中时就剩寥寥几个，到了高中，她一个人去县里上学，举目无亲，一周回家一趟。

高二那年，外公正式决定让妈妈辍学，她不肯，把自己锁在房间里绝食。外婆站在了妈妈那一边，说不管怎么穷，也要让她把书读下去，为此，两个人爆发了最大规模的一次争吵，据说还动了手。

你看得那么清楚，不怕将来嫁不出去吗？

妈妈是会剪头发的，她一直很跃跃欲试想给我剪一次，我一边躲一边问她，你什么时候学的啊？

她眼神黯淡下来，说，那时你两个舅舅也在上学，我生怕家里哪天负担不起，就不让我念了。所以偷偷学了门技艺，想万一不行，还有口饭吃。

我们全家都知道外公重男轻女，看到我弟弟就笑得满脸皱褶，所以我很识趣地，从不往他怀里钻。

去年外公车祸去世，家里人翻出遗嘱，里面写得很清楚，说生前存款三个孩子平均分。

妈妈看到遗嘱的时候很崩溃。因为按照农村的习俗，出嫁的女儿确实是不涉及财产分配的。她坚持不要那笔钱，却在遗照前哭得肝肠寸断，她说我真的一直以为你不喜欢我的，可是现在想起来，小时候大家挤一张大床睡，弟弟们乱动，你就拿脚指头夹他们，可是我怎么翻来覆去，你都没有讲过我一句啊。

我刚出生的时候，爷爷也是很失望的，因为孙辈里没有一个男孩子。我没有办满月酒，爷爷的解释是刚买了房子，手头不宽裕，但他又补充了句："这要是男孩子，哪怕小布衫里的钱都抖出来，也要办一桌。"

可是爷爷又最疼我。去世前一礼拜，他还惦记着老家又有新鲜的笋了，要给我寄些过来。

这才是真正让人难过的地方。生命中最亲近的那些人啊，他们很爱我，却看不起"我们"。

[2]

小学时最受老师喜爱的，是那种"听话乖巧能帮助组织纪律"的女同学。可是我也听到过不少老师在办公室里讲："等一到高中，男同学一发劲，女生一点机会都没有。"

事实情况是，的确有那么一两个，一度顽劣不堪的男孩子，高中逆袭进入Top10高校，但这仍然是个低概率事件。小学跟高中的评价体系完全是不同的，那时候不吵不闹能完成作业偶尔考个双百，就算好学生，范围宽广，人数不限，可高考是以成绩来圈定优秀，这个比例本身就是大幅缩减的。女生的逐渐“埋没”，其实是合乎评判标准变迁的，跟“思维局限”“智商平平”“心思活络”没有必然关联。

能够逆袭的男同学无非几个，只是老师们深受“男女发展轨迹”的潜移默化影响，才听说了那么极端事例，就把它渲染成了普遍情况。

我小学时多动症且不安分，对那些做纪律委员检查我眼保健操有没有偷偷睁眼睛的女同学，也没什么好感可言。可我一想起女老师们明面上夸她们听话能干，转身就在办公室里嗑着瓜子，判定人家的前程，就觉得一阵心寒。

[3]

我今年大四，我妈很焦虑，因为发觉出路怎么选都不对。

要是本科毕业就工作呢，她生怕我一个姑娘，孤身在异地，被人欺侮轻薄了去。可要读研的话，毕业出来就免不了被面试官质疑：“你有男朋友吗？打算结婚吗？近几年有生孩子的计划吗？”那，那索性就读博？

可大众对女博士的刻板印象那么差劲，她怕别人用诡异的眼神打量我，更怕我困在纸堆里，找不到合适的结婚对象。

哪怕她曾多次，在工作和家务两头奔波忙得脚不着地的间隙，用疲倦的语气跟我感叹过：你要是够豁达，不结婚也挺好的。

可是男孩子的局面就开阔好多。本科出来就上班，那是早点投入社会，接受磨砺；选择读研，就是增加砝码；博士毕业三十岁也不着急，厚积薄发，有的是机会。就因为生理构造的不同，他们少了好多拖泥带水的牵绊，步伐轻快。

好像那个嘀嘀嗒嗒作响的闹钟，只存留在女孩子的脑海里。

上次回家，妈妈看着我一个人扫荡完三菜一汤，却还是瘦了，她摸着我头发讲：“你要是男孩子就好了，我就可以放心不管你了。”

那我能说什么呢。我只是觉得抱歉，抱歉我还没有强大到，让妈妈相信我能承担起每一种选择。

我听过很多就业歧视的例子，都能一笑而过，但无法忽略来自父母的担忧，他们不是虚荣，也不是攀比，他们只是怕天地辽阔，路途难走。

［4］

我人生中最接近“相亲”的一次约会，发生在去年。一个普遍意义上的青年才俊，费了些功夫来找我聊天，期间很是委婉地问我，你能接受跟另一半长期异地，或者，他忙他的正事，你替他操持家庭，完了给你一些补偿吗?

看出了我的匪夷所思，他赶紧补了句：这其实是共赢的。把谈情说爱的时间省下来，专心各司其职，我要是成功了，自然也少不了她的好处嘛。

当时我很想问问他，大哥你有没有听说过吕雉?

但这样的择偶需求越来越普遍了，知乎上女生在问“男朋友圣诞节就送了我三颗费列罗巧克力，该不该分手？”“女人拿一生中最好的光阴去陪伴一无所有的男人，这值得吗？”而男生则在苦恼“女朋友忍不住要翻我手机怎么办？”“女友在意我跟前任的联系怎么办？”

这哪是什么感情领域的话题，这明明只涉及经济效益，我所见到的，是女生急着将青春变现，男生则想着，如何花费较少的精力、财力，获得一个纯洁、安分、最好还年轻美貌的伴侣。

还会有人给我留言说，你看得那么清楚，不怕将来嫁不出去吗?

我一直都认为，两个人之间的“稳定”，是建立在互相深刻了解的基础上的，一方随手给予点温情和好处，另一方喜不自胜地拿去炫耀给同班看，以这样的方式维持的关系，简直都不能叫“维稳”，只算得上“喂食”。

但很多女性却是满足于这样的“喂食”，现如今女权大旗遍地都是，号召女性对自己好一点，但什么叫好一点呢？不是死命节食乱打玻尿酸，把自己往男性期望的模子里套，只为嫁一个好价钱，也不是抱怨完出轨的老公后，狠狠心说：“走，到名牌店里去，刷爆他的卡。”

眼下的中国，男女之间相互物化，他希望她省心，她盼望他出息，爱情成了两个人攫取收益最大化的幌子。好像大家都忘了，爱本该是轻轻浅浅的，不沾染那么多欲望的荤腥，只是你跟那个人，有很多话想说而已。

[5]

偏偏有时限制女人的，就是女人。

种种极权国家的历史表明，不平等是可以被习惯的。长期处于男性强权下的女性们，一方面亦步亦趋地跟随男性的要求，服从他们的统治，甚至把男性对于女性的思想行为规范的要求，内化成为自己行事的准则。古代的女人们，把三从四德的迂腐教条，融入一言一行里，用一生去践行男性道德家们口上，冠冕堂皇的几句空话。一旦她们老成了权威，就不自觉地去“调教”和“塑造”年轻女性们。她们成了男性文化的帮凶，以过来人的姿态，胁迫着新一代的女性，造成了男性社会中女性自缚和缚人的生存困境。

从前读萧红，里面的婆婆反感于媳妇逾越常规的言行，决定给她一个下马威。婆婆按照几千年传下来的规矩来改造她：先是恶狠狠地打了她一个月，打去了少女的烂漫和天真；再是给病倒了的媳妇治病，一群婆婆奶奶们煮了一大缸滚热的热水，把扒光了衣服的小团圆置放于其中，“她在大缸里边，叫着、跳着，好像她要逃命似的狂喊。她的旁边站着三四个人从缸里搅起热水来往她的头上浇。不一会儿，浇得满脸通红，她再也不能够挣扎了，她安稳地在大缸边站着，她再也不往外边跳了，大概她觉得跳也跳不出来了”。

而改造的结局却是，“还没到二月，那黑乎乎的，笑呵呵的小团圆媳妇就死了”。在小团圆媳妇的惨死中，一群女性扮演的，恰恰是男性文化的打手。她们自身驯服于父亲、丈夫、甚至儿子，用年复一年的劳作和沉默，来纵容男性权威的覆盖和铺张，还主动替男性收拾了那些不够“听话”的女性——光是女性间的内耗，就足以掐断自由平等的嫩芽。而这，于萧红看来，正是最大的悲哀。

放到今天，她们就是那些替人操心啥时候结婚生不生得出孩子，臆测花枝招展的邻居是小三，看年轻女性开好车买房子就觉得是出卖肉体换来的婆婆妈妈们。

我没有抱怨的意思。我只是替她们不值。人生原本有多种可能性，她们却忙着规定了自我，再规范别人。

萧红说女性的天空是低的，可当下男性的那一片领地，也被买房压力、社会期许、中年危机这些难题堵得水泄不通。两边忙着相互怨怼、敌视、轻蔑、怪罪，忘了我们本可以给对方多一些权利，顺便赋予自己，多一重的自由。

愿你我都能活得更开阔。

你的生活是什么样，全取决于你自己

[1]

前段时间回老家，去看望了四爷，从前他就住在我家隔壁，是一位沉默的话不多的可靠男人。说是爷爷，其实和我爸爸年纪差不多大，辈分高而已。

村子里年轻人大多都已经搬出去了，只剩下一些老人和小孩，一片凋零，但是走到四爷的家里仍然给我一种很大的触动，红墙青瓦的老房子还是显得很精神，院子打扫得干干净净，从前的老杏树依然茂盛，与整个村子的凋零显得格格不入，就如从前四爷会买收音机、会在院子里种花在整个村子里显得有些另类一样。

那时候经济条件普遍不太好，但是我们姐妹俩特别喜欢去隔壁四爷家玩，在忙得不见天日的我的爸妈对比下，四爷得日子过得特别美好。

他有一台复古收音机，每天中午回家就听到从他家传来放歌的声音。他家的院子里有一棵巨大的杏树，春天杏花开，落满地杏花雨；夏天在巨大的杏树下乘凉；秋天杏子成熟，爬上高高的梯子，去摘杏子吃，常常一个村子的人都被吸引而来。

放暑假的时候，和妹妹偷偷借来四爷的收音机，躺在凉席上，听着里面传来港台的音乐，开始向往外面的世界。

那时候，我最羡慕的就是四爷家的小孩，虽然条件不比同村别的孩子好，但是生活得很有味道，总是能见到一些新奇玩意。

这告诉我一个道理，即便在同样艰苦的生活条件下，还是有人可以过得开心。

[2]

你是不是觉得有钱了一切都好了，幸福一定会随之而来？其实未必，还是看你是否会经营。

从前采访过一个研究三农问题的专家，他目睹过许多因为拆迁一夜暴富的人。

然而，突然来的巨额财富，往往会暴露人性里最恶劣的部分。他说，因为拆迁款的分配不均，家里闹矛盾，整日争吵甚至闹离婚的例子数不胜数。

有的人得到拆迁款后，就辞掉工作，在家里吃喝玩乐，很多甚至染上赌博的坏毛病，不过几年，当年几十万元几百万元的拆迁款就全赔进去了。

一家人只能继续出去打工，然而也丧失了从前兢兢业业、靠自己双手努力去挣生活的拼劲了。

想起前段时间热播的电视剧《贤者之爱》，女二号生于暴发户，从小父母就经常不在家，衣食住行都是保姆来照顾，保姆也是三天两头需要换。

家里总是乱糟糟的，一个很美丽的院子杂草丛生，好好的游泳池长满青苔水垢，完全感受不到生活气息。生活在这样环境里的女二号无比羡慕父慈子孝，有着幸福家庭的女主。

时隔多年后，住在洁白美丽的现代公寓里的女二号俨然人生赢家，丈夫是知名作家，儿子帅气逼人，然而她却更加不幸福了，在缺失爱的环境里，她的心里一片空荡，只有钱。

金钱并未让她更幸福，因为她从未得到过足够的爱，从父母、丈夫、儿子那里。

[3]

在我父母所有的亲戚里，我最喜欢我的姨妈。

身为大姐，她个性大气，家里的家长里短、兄弟姐妹间的矛盾不合从来不会传到她这里来，她总是强调“家和万事兴”。家里总是收拾得干净整齐，一个小院子虽然不大但是摆满了花草，很方便、很温馨。

从小就做的一手好菜，炒的蒸的煮的，每年过年，一大家族的人必定会前往我姨妈家聚一聚，见面、聊天，吃着姨妈精心准备的美食，聊着天，好像一大家子人经过这顿饭都亲近了很多。

因为和蔼可亲，又有许多好吃的，姨妈家也是我们一帮晚辈最爱去的地方，在那里拥有许多么美好回忆。此后长大成人，每逢回家必定会去姨妈家看看。

其实姨妈家的经济条件也算不上很好，但是她始终很努力地工作，从前的每天早上起很早卖菜，后来凭着好手艺、好人缘自己开店子，生活渐渐好了起来。

如今60岁的姨妈，儿女双全，子孙绕膝，家庭和睦，真的是安度晚年，在众姐妹中是最幸福的。

看着姨妈这一生，我开始觉得，所谓人气、好运这种东西，真的是可以靠自己经营起来的。过日子最重要的就是精气神，努力、勤奋和一种相信付出就有回报的信念。

会生活，穷日子也能过富，生活也会越来越好。

[4]

林语堂在《人生不过如此》中写道：“我们最重要的不是去计较真与伪，得与失，名与利，贵与贱，富与贫，而是如何好好地快乐度日，并从中发现生活的诗意。”

生活才是一个人的全部。

总有人说，只要有钱了，我一定能过得很好。

的确，生活里的许多问题和麻烦可以用钱解决，比如生病，比如贵的好的东西，更好的教育和旅游。然而这不意味着，当我们没有那么多金钱的时候，就不应该好好经营我们的生活。

一直很喜欢李荣浩的歌和他的歌里传达的生活态度——爽朗、从容。

“有几片云的天空，除了感动还有微风。前面阳光正面照过来，眼睛也不愿意睁开，一生无非几个欢笑悲哀和爱你的女孩。目前最有趣的等待是未来。”

比起埋头苦干，刻苦钻研，爬向山顶，我更欣赏的是，在爬山的过程中，看看风景，适当给自己一些奖赏，欣赏既有生活的样子，愉快地去往目的地。

始终觉得，生命是一场充满欢笑、悲伤的有趣过程，而非一场结局已定的比赛啊。我决定带着玩味的心去面对生活里的未知，而非忐忑中追求既定的结果。

带着希望，带着信念，好好去经营自己的生活吧。你的生活是怎样，全在乎你自己。

唯有平衡，才能永恒

[1]

何平约了我们几个朋友去卡拉OK，唱了几曲以后忽然眼圈泛红，坐在沙发上一脸伤感。朋友问他怎么了，他说："我跟许云分手了。"大家都很吃惊。在朋友圈里，他们两个是典型的模范情侣，从大学时就在一起，一晃已经十年了，怎么会分手？何平说："都怪我穷，给不了她更好的生活。"

何平讲起许云时，还是带着很深的感情。这也自然，当年许云跟了何平，本就是一段校园佳话。许云是我们的校学生会主席，清纯可爱，追求者甚众。何平则是体育特招生，人长得高高大大，阳光开朗，就是有些孩子气，贪玩了些。两个人在一起的消息传出时，颇伤了班上一票暗恋许云的少男心。

大学毕业时，许多情侣都分手了，可许云却对关系很好的几个姐妹态度坚决地说："何平在哪里，我就在哪里。"果然，何平回到家乡发展，许云毅然抛下一切，陪着爱人双宿双飞，到那座小城找了份工作。

当时朋友们听说了都佩服许云，也感叹过这才是真爱无敌，觉得吃到他们喜糖是迟早的事，甚至还讨论过给红包是一份还是两份……谁想到转眼十年过去，喜糖没等来，倒等来了分手的消息。

何平说，许云跟他分手后，回到了自己的家乡，与一个飞行员迅速恋爱结婚了。据说那飞行员家里也颇有背景，买了栋小别墅做新房，还送了许云一辆车。“也怪我这些年一直没机会，始终当个电视台的小摄像员，每个月就赚3000块，连买婚房的钱都凑不齐，她怎么等得下去？久病床前无孝子，久贫家中无贤妻。我不怪她，走就走吧。”

朋友们听得唏嘘不已，忍不住纷纷安慰何平，也陪他感叹了几句“世事无常往事莫追”“贫贱夫妻百事哀”“人往高处走，水往低处流”云云。直到他脸色恢复正常，又干了几杯酒，才各自告辞。

[2]

事隔几天，其中一位朋友出差，居然遇见了许云。老同学见面少不了寒暄几句。那朋友是个直肠子，想起何平说的事，心下难免不豫，面上也流露了一二。许云发觉了，便询问缘由。

朋友支吾着：“前些天，我们与何平见面了……”许云露出了一个“明白了”的表情，苦笑了几声。然后问朋友：“你愿意听我说说吗？”朋友自然无法推辞。

在许云的讲述里，她从未因为金钱而放弃爱情。她轻轻叹气：“如果我是拜金的人，从最初我就不会选择何平。追我的人也有身家不菲的，可是我谁都没选，一心一意跟着他。”朋友也不得不认同这句话。

“毕业以后我连想都没想，就陪他回了他的家乡。虽然两个人的工作收入都不高，可我特别开心，就想跟他一起努力，只希望他对我好，就是一个温暖的家。可是……十年了，他从来没有让我觉得有任何的安全感，我无法依赖他。”

在许云的记忆里，刚刚开始工作的时候，她经常深夜加班回家。打电话给何平，他不愿意下楼接她——只因为他的好哥们儿来了家里，两个人玩实况足球正如火如荼。许云一个人瑟瑟发抖地走在黑暗的小区里，被一只突然窜出的流浪猫吓得大叫，蹲在地上哭起来，然后默默擦干眼泪再回家。

许云病了，高烧，39摄氏度，何平在酒吧喝酒，给他打电话，电话里的声音听起来很着急，“老婆你怎么样了？我马上回家！”然后许云从晚上8点一直等到凌晨3点，何平才回来。那时许云早已吃了药昏睡过去了，何平居然还把她摇醒，问她怎么样了。

冬天时，许云来了例假，肚子疼得不行，难受，手脚又冰凉。刷碗时没有热水，何平在屋子里嗑瓜子看电视，许云喊他帮忙，他答应着就是不动，最后还是许云用凉水把碗刷完了。

睡觉时许云试探地把脚放在何平的身侧，他立刻拨开，“哇！好凉！你可真自私！”

许云工作中遇见了烦恼，回家只想对何平倾诉。她动情说了半天，眼泪都下来了，侧头一看，何平居然呼呼地睡着了，怎么摇也摇不醒。

“这么多年，他始终就像一个长不大的孩子，不但无法给予体谅，也无法给予我依靠。对于他来说，NBA永远比陪我逛街重要；跟哥们儿一起喝酒永远比陪我吃一顿晚饭重要；他可以迅速发现网吧里又更新了什么游戏，却从不曾注意过我今天换了什么样的新衣服；他把钱都输在牌桌上，却不愿意存下来陪我去旅游。我每次跟他提结婚，他都会说，没钱，觉得这样娶我太丢分，想要买了房子再结婚，想给我更好的生活……”

许云说何平不知道，她根本不在意有没有房子，甚至为了想要跟他结婚，去买了两枚镀金的假钻戒，幻想有一天他们结婚，他不会因为没有戒指而措手不及。

许云没有想到，压断她的最后一根稻草，是那年自己父亲因突发脑溢血过世。听到噩耗的那一刻，许云觉得天都塌了。“那是我的父亲啊，生我养我的父亲啊！我拿着电话的手是冰凉的，连哭都哭不出来了。放下电话，我抓着何平的袖子，浑身都在抖。我说，何平，快，订两张机票我们回家。”

何平走到电脑前，犹豫了一会儿说：“一定要现在就走吗？”当时许云简直以为自己听错了。她问他：“我爸过世，难道不该用最快的速度回家吗？”

何平依然在支吾，在许云的再三催促下，他才说出自己的理由。原来他最喜欢的外国球队隔天会来到这座城市参加一场跨国比赛，他很早就买了VIP票，觉得现在要是离开实在太浪费了。何平劝许云：“……不如你陪我多等一天，看完比赛我们再走，那张票要2000多块，不看太可惜了。反正你现在回去也来不及了。”

说到这里，许云声音有些微微的颤抖。“那天听他说完那些话，我什么都没说，自己去了另一个房间，收拾好行李，把我所有能带的东西都带上，买了张机票，当晚就回了家。”

许云临走时给何平留了张纸条，告诉他好好在家看比赛，不用过去了。他果然没有过去——大约与球友们因为赢了比赛又连夜狂欢去了。许云给爸爸办完葬礼之后，再也没回过何平的城市。

“我找了份新工作，然后迅速地相亲，结婚，对于老公我没有任何挑剔。他对我不错，也可以给我足够的物质保障，我生活得很安定也很满足。我们之间没有那么深的爱情，但是起码，没有感情，还有物质。”

何平给许云打了许多个电话，她都没有接。何平后来到许云家找她，她对他说：请你回去，我们之间已经再也没有可能了。何平哭了一次，也骂了几次，可是许云都是一脸无所谓，最后，何平终于走了。

“也许他会觉得我绝情，会觉得我残忍，也会对旁人说是因为我拜金导致情感破裂。但是十年了，我已经为他付出了一个女孩最美好的所有青春和爱情，这足以证明，他说的并不是真实的原因。”

许云抬起头，眼睛里都是泪水。“我从来都不是拜金的人，我拜的只是感情。”

[3]

这个社会上的男人们常常抱怨如今的女人太过势利，“眼睛里盯的都是男人的钱，开口LV，闭口Prada，哪有真爱可言”。他们却不知道，当真爱就在面前，他们却根本没有能力珍惜和挽留，反而让真爱流着眼泪，头也不回弃之而去。

并不是所有的女人都渴望香车别墅，有为数不少的容颜姣好、温柔体贴的好女人，愿意与男人一起吃着饽饽咸菜，住着出租屋，带着期待的心陪着他奋斗。情深似海、生儿育女、照顾老人、一日三餐、养家糊口、患难与共、生死不离。

她们虽然没有那么丰厚的物质需求，要的却是另外的东西。

她们要温柔呵护，贴心问候；要的是雨天里的一把伞，病床前的半碗粥；要的是拿起水瓶时有人接过去顺理成章地拧开，走在路上会有人自然走在有车的那一侧；最重要的，她们要的是想流泪时的宽厚肩膀，要摔倒时被紧紧握住的手，倾诉时沉默聆听的耳朵，和失意时那个有力的长长的拥抱。

张惠妹唱：原来你什么都不想要。其实从来就没有什么都不想要的人。有了付出，就更渴望对等的回报。只是每个人期待的回报都不尽相同。好女人寻找伴侣，最少要一个理由，才可以支撑她一生。从漫漫花季长成亭亭玉立，每一个女孩都是父母精心呵护而成，如春日初绽的鲜蕊。谁堪采撷？何以怜她？你又用什么保障她的一生不凋零？

并不是所有人都做着“白马王子驾着珠光宝气的马车前来求婚”不切实

际的梦想。只是，如果一方面你给不起，另一方面总要有相应的补给。比如足够的诚意，自强与上进，或令人动容的温情，方值得一片痴心，不算错付。扪心自问，你给得起哪一种？

幸福需要双方的给予。你给她的爱，是否足够她撑过漫漫岁月，撑过柴米油盐的艰难，撑到你们白首偕老的那一天？

给不起经济保障，更给不起情感保障的男人，没资格拥有好女人。在世界的许多角落，我们可以看到，有太多的爱人，尽管粗茶淡饭依旧亲密无间，他们是彼此的拐杖，举案齐眉，相携相扶。他们从不吝惜对于彼此的付出，而当这种付出成为完美的平衡时，就足以支撑两段幸福的人生。

在感情的世界里，从来都是这样。唯有平衡，才能永恒。

两个人在一起不可能一方永远地付出，一方永远地得到。当得到的一方所做的事情，超出付出那方底线的时候，一切都难以回头了。此刻的新伤，加上曾经的旧痕，一切都无法挽回。我们也许很多时候都自知，所以，我们爱的那个人也就是这样失去的。男人对女人的伤害，不一定是他爱上了别人，而是他在她有所期待的时候让她失望，在她脆弱的时候没有给她应有的安慰。

不怀疑不慌张，从容地做好这一件事

有个朋友给我留言，说生活总是忙碌。希拉里传记在桌上躺了很久，一直都没有看。想做的事和应该做的事总是那么矛盾。

没错，我们生活在一个混乱的年代。

每时每刻，无数琐事侵蚀着我们的生活。就在你打开这篇文章的时候，也许，你的客户又打进一个电话。那边的房租就要到期，下个月的英语考试近在眼前。淘宝京东的购物节，又占据了你一个晚上。

一边奔波于眼前的苟且，一边梦想着远方的田野。而你的手机里，还躺着未曾追完的电视剧。周末的舞蹈班和演讲班，一样都不能落下。仿佛只有这样用力地生活，才是通往成功的唯一出路。

然而忙碌并没有让我们生活得更好，反而让一切更糟。大部分人的碌碌无为，并不是因为做得太少，而恰恰是因为做得太多。

[最重要的事只有一件]

我曾经也是个忙忙碌碌的人，四处涉猎从不停息。工作中的完美主义让我如履薄冰，生怕一个不经意的纰漏，就会显示自己的无能。

直到多年后我才明白，很多我们孜孜以求的事情，其实并没有那么重要。著名的二八法则告诉我们，大部分人的主要成就，都来自于那些少数的重要事情。

我们部门去年招了一个新人，负责产品的采购计划和执行。然而没到两个月，她就提出了离职。原因是这份工作实在太累，她天天加班，已经没有了个人生活。

这个说法让我们惊讶不已。她的工作量其实并不大，又怎么会天天加班呢?

后来这份工作由一位管理培训生接手。他做起来轻松自如，毫不费力。

问起原因，他说，之前那个天天加班的人，是个吹毛求疵的完美主义，每一封非正式的邮件，都要反复推敲。这样事无巨细的工作方式，不累才怪。

而这位管理培训生，经过专业的考量和分析后，用大部分时间去做了一个项目。这个项目给公司节省了200万美金。他也因此获得了年度贡献奖。

优秀和平庸的差距，往往只在于一件事。优秀的人能把这一件事做好，而平庸的人做了太多事情却依然碌碌无为。

因为我们的时间和精力都是有限的。

成功的秘诀就在于一件事。你是否能把这件事情做好，决定了你能够走多远。肯德基做好了一份食谱，成为了一家伟大的公司。乔布斯做好了一款手机，颠覆了这个时代的传播方式。

在这个混乱而充满诱惑的时代里，我们并不需要做太多。只需要做好一件事情，你就能找到撬动整个地球的支点。

想做的事太多，应该做的事也太多。然而最重要的事情永远只有一件。

借用美国作家奥格·曼狄诺的一句名言：“一次只做一件事的人，才会领先于这个世界。”

[多米诺骨牌的起点]

我的前同事杨小姐，曾经是一位胖妞，感情和工作都不如意。2014年的春天，她只做了一件事情，那就是减肥。

从130斤减到100斤，然后意想不到的事情发生了。

由于体重的变化带来精神面貌的改变，她成功跳槽到一家跨国公司，做了自己想做的工作。紧接着遇见一位同样在跨国公司工作的男人，他们在一起了。

我的另一位朋友汤先生，曾经一度在人生的低谷。丢了工作，和女友分手，社交圈狭小，处处碰壁。越是如此，越是不甘心。当他混迹于各种俱乐部想要寻找新女友的时候，我给了他一个建议。

从此他不再混迹于俱乐部，也不再急着寻找新女友，而是全力以赴地开始做一件事情：工作。

如今，他已是一名高级项目经理，年薪40万元，身边的女友亦是才貌双全。

这就是多米诺骨牌效应。当你做成了一件事情之后，其他各种好事都会接连而来，人生就会有奇遇。

而我们所要做的，只是找到那个多米诺骨牌的起点，从这里开始，带动你的整个人生。

还有一个圈子里人尽皆知的故事。

深圳的一个上班族，开了个微信公众号，在过去的一年里专心写文，积累了几十万粉丝。然而就凭这一件事情，她认识了很多人，获得很多机会，过上了自己想要的生活。

还有我的朋友小乙，在过去的十五年里只培养了一个爱好，那就是跳舞。因为跳舞，他养成了出色的气质。因为跳舞，他成为了公司的焦点。因为跳舞，他还成为了一个舞蹈学校的股东。

给我一个支点，我就能撬起整个地球。

我越来越体会到这句话的含义。这不只是一个哲学命题，更是一个人生智慧。到处涉猎往往一事无成。做好一件事情，却能带你走向更宽阔的世界。

就像奇妙的多米诺骨牌，从一张小小的牌开始，带来的联动力量能够推倒整幢大楼。

而你的那张牌，又在哪里？

曾经有人反驳我说，她去年只做了一件事，那就是专心怀孕，结果没有怀上，浪费了一年。

我笑。最重要的事情只有一件。但也不能拉到篮子里就是菜啊。

于是有人问我，最重要的事情，究竟应该是哪一件？

我想，以下这些方法，也许能帮你找到最重要的那件事。

第一，这件事必须和你的人生宏图息息相关。如果只做一件事情，让你觉得自己没有白活，你会做哪件事情？

第二，这件事情有明确的描述。宽泛的画画、写作、旅行，并不能成为一件事情。还必须有明确的描述。

所以第二个问题是，如果你只做一件事情，能够成为一个旅行家，你会做哪件事情？

也许，你开了一个博客，专门写不同地方的美食以及人们对于食物的不同态度。这将会成为你的第一张多米诺骨牌。

第三，做了这件事，其他的事都变得简单或不那么重要了。

你去了很多城市旅行，悉心研究了不同地方的食物和风土人情。由于角度新颖，渐渐获得了一些关注。于是有人来聘请你做导游，有人请你给餐厅或旅行社写广告软文，还有人约你写一本关于旅行与美食的书。

你的业务越来越多，生活也越来越忙，渐渐地没有时间再写博客。那么，在这么多事情当中，只要做了哪件事情，就会让其他的事变得简单或不那么重要了？

博客是你的宣传平台，导游或软文只是一些额外收益，而写一本书，能让你有更多的成长。同时，书的内容还能转化成你的博客文章。

于是，写好一本书，就成了那件最重要的事情。

这是一个普通人逆袭的故事。

也许隐含了光荣和梦想。也许还有一些不为人知的艰辛在里面。

但是于万千事情之中，你总能找到最重要的那件。专心做好这件事，是成功的唯一法则。

人生太短，我们没有时间为太多不相干的事情分心。人生其实也挺长，足够你把一件事情做好。

不时地问问自己，只做哪一件事情，能够实现我的人生价值？只做哪一件事情，能够让我的工作获得提升？只做哪一件事情，能够让爱情升温，让家庭和睦？

纷杂世界里，并不需要做太多，只做一点点就好。不怀疑，不慌张。才能从容看世界到地老天荒。

趁来得及，请对他们温柔一点

[1]

前些天一位朋友的奶奶去世，距他爷爷离世不到一年，却发现他没有那么悲伤，要知道他是奶奶带大的孩子，想想一年前爷爷去世时，他扑在灵前悲恸大哭，惊天动地。

这一次虽面有忧戚，却并没那么难过。

后来，才听他提及隐情。

爷爷奶奶一辈子感情很好，待在老家从未分开过，只是爷爷在80岁那年突然身患重病，从患病到死亡整整一个月都待在医院里，奶奶的腿不好，无法去医院探望，每天就是拉着回家的儿孙们问及情况，开始都还耐心地告诉她今天用了什么药，爷爷吃了多少饭，让老人放心。

只是后来病情越来越严重，医院已几次下了病危通知书，孩子们顾左右而言其他：“快了，快了，下周就能出院了。”

直到最后一刻，老人也没见到对方。

后来，办完丧事。爷爷的身份证与户口本需要去派出所注销，奶奶舍不得，小心翼翼地问孙儿：“能不能别收回去，给奶奶留个念想，最后我怎么就没和老头子见上一面呢？”

朋友听了很难过，说那件事成了他心里的一大遗憾。是啊，怎么就没带奶奶去医院见爷爷一面，哪怕是一路背过去。要知道晚年的奶奶瘦得只有八九十斤，为什么就没人能考虑老人当时的心情呢？

这次他打算为奶奶做一件事，向注销户口的工作人员请求，还好，那位姑娘没有收回，只是将右下角剪掉算是作废了，然后他还给了奶奶，她像宝贝似的收着，一直到去世。

在一起时怎样都行，即使错了也有机会弥补，一旦对方先离去，遗憾会扩大，直到占满另一个人的未来。

[2]

初冬，小凡的小姨从北京回来，和她的母亲形影不离。

每天絮叨着陈年旧事，母亲从小姨淘气到作为长姐怎样带大她。就是每天早餐时给小姨做手擀面。因为母亲的腰不好，擀面很吃力，每次小凡看到她擀面时满头大汗的样子很心疼，内心甚至希望小姨快快回去。

甚至抱怨说买包子不行吗？

母亲说，你小姨就喜欢这一口，这么多年才吃上这一回。

很快，一周的相守飞快。到机场送别的时候，母亲拉着小姨的手不松开，小凡说现在交通方便得很，想见很快就能见到，至于吗您？

母亲说：“不容易了，你小姨都是退休的人了。见一面少一面啊。记得她小时候我还因为她淘气打过她，现在想想真是难过。”说着抹起了泪。

小姨当年远嫁，母亲又不能长途坐车，总是隔了几年才能团聚一次，一不小心，老人在来回的岁月里双双白了头。可是时光不会倒流，只能选择珍惜当下，在一起时就好好疼她，哪怕只是亲手为她做一碗手擀面。

遗憾是人生的永恒命题，虽然很多人说不完满的才是人生，但那些能弥补的爱好得过回首时的懊恼吧。

[3]

三毛写过一篇文章，许多年前在大西洋小岛度日的她，曾和荷西有过一段经济拮据的日子，因为那时荷西失业将近一年了，且求职连续被拒，虽然没到山穷水尽，存款却也仅够维持生活。

某天，两人去菜场，三毛挑最便宜的冷冻排骨和矿泉水，一转身却发现匆匆赶来的荷西手里捧着一小把百合花，兴冲冲地递给她。

那一刹那，她却失了控，对着丈夫叫起来："什么时间了？什么经济能力？你有没有分寸，还去买花？"说完将那束百合"啪"地丢在地上，剩下荷西呆在原地。

三毛立刻知道错了，奔过来对他说，对不起。两人拥抱时才发现彼此红了眼眶。

她知道那一次，是自己的浅浮和急躁伤害了他，后来他们再也没有提那件事。

但是多年后，三毛去给荷西上坟，抱了一大束的百合花，坐在坟前，内心是苦涩的，她忘不了那件事，尤其是爱人离去之后。

她写道，在丈夫去世的七年后，又到了百合上市的季节，看到它们，立刻就看见当年丈夫弯腰去地上拾花的景象。虽然不再有泪，但她的胃，却开始剧痛起来。

《少年派》里说："人生就是不断地放下，但最遗憾的是我们来不及好好地告别。在一起时善待彼此，就是好好地告别了。"

三毛深爱荷西，却从未料到缘分会在几年后戛然而止，那一幕成了她心头的痛。

[4]

年末时，很多做公众号的文友都写了年末总结，我看到除了那些已取了骄人成绩的自勉，大多都写成了遗憾。

有一位姑娘说她在2016年最遗憾的是舍弃了一个深爱自己3年的人，去追一个她爱了5年的人，到最后才发现对于不爱自己的人无论怎样努力都没用。忽然发现最好的是那个被自己拒绝无数次的人，她想回头时，才发现他身边已有了另外的女孩，原来一旦错过，就是错过了他的全世界。

有时就是这样，你爱我时我可能不爱你，我爱时你又爱上了别人。

另一位文友，遗憾外婆离开时，自己因为工作繁忙没能回家送别。

有人为年初订下的看书计划、减肥计划没有成功而遗憾。

有人为错过了一场旅行而遗憾。

也有人为微信拉黑的朋友遗憾。

……

有一句台词："这世间所有的遗憾，都是没有好好说再见。"是的，其实只要在一起时，好好相待，再用心相爱。哪怕有一天真的成了过去，也为曾有过的一份温暖牵挂而不留遗憾。

趁身不老，颜还俏，心未枯。

珍惜和爱人、家人、朋友在一起的时光，并温柔以待。

你总爱抱怨，幸运降临你也不会知道

[1]

成人世界最普遍的现象是什么？

那就是遍地可见的抱怨和不幸感。

从不抱怨的人很少，只不过表现形式因人而异。

爱抱怨的人常常觉得自己是个“倒霉”的人，从不相信会有什么幸运降临到自己身上。

在面临同样的事情时，这类人群通常会认为，别人都比自己幸运，总是比自己多一些上天的宠爱。

似乎，天空下的每一场雨都是针对自己的。而别人在下雨的时候都恰好带着伞，可以雨中漫步。

发生在我朋友身上的一个小故事，颇具有代表性。

我朋友在一家公司上班。同一个部门里，有一个同事和她年龄相仿，与她岗位分工类似。有段时间，她的上司总是额外给她分配工作。她每天都处在紧张的加班中，而那位同事却能准时下班。

那时，她几乎逮住机会就跟我抱怨，说自己实在倒霉，被领导盯上了，总是把出力不讨好的工作扔给她做。她每天累得在公交车上站着都能睡着。

她特意自拍了一张照片发给我，两个黑眼圈确实很明显。

她靠着抱怨，撑过了那一段辛苦的日子。后来，她领导不再额外给她派发任务，而是把工作分配给了那位同事。

她仍然会跟我抱怨，说她最近不受领导重视，有什么工作都不愿意派给她。而那位同事却颇受器重，总是能够参与到一些重要项目中。

她那段时间因为这些鸡零狗碎的事情，又憔悴了不少。

终于有一天，她极其困惑地跟我说，那位同事居然在朋友圈发信息抱怨，说自己累成一摊泥，净干些出力不讨好的活儿。

这状态跟她前段时间加班的心情一模一样。她很纳闷地问我，为什么同样的事情，我们总会觉得对方是幸运的，而自己却是那个倒霉的人。

这种心态并不少见，恰恰代表了大多人的思维模式。在这种思维里，我们最擅长“换位思考”。

同样的事情，放在自己身上，总是被动和不幸的，而一旦放在别人身上，在我们眼里则又变身为幸运和机遇。

不幸感已经成为成人世界最常见、最真实的存在感。

[2]

很多人都喜欢“越努力越幸运”这句话。

但是，实际上，在一件事情开始之初，很少有人抱着极大的幸运感前行。

甚至，在事情已经开花结果时，很多人的内心依然是缺乏幸运感的。似乎，承认幸运是一件很丢脸的事情，是对自己辛勤努力的一种否定。

曾因为一部电影，某女艺人备受瞩目。在大家眼里，她一夜成名，一炮走红。

有记者采访她：18岁就当选为星女郎，如此幸运，让人羡慕不已，你对此有什么想法?

她回答说：别人越羡慕，我付出得就越多，你有多羡慕我，我就付出了多少。她刻意回避幸运，只是着重强调自己的努力和付出。

很多人为她这样的回答拍手叫好。为她鼓掌的人认为，她的回答有深度、有力度。但是，这恰恰是不够成熟的回答。

成熟而理性的人，都懂得成功是必然和偶然的绝妙结合。很多人同样付出了很多，却并未引来同等的喝彩。

付出才能有所收获，付出是成功的必要条件。但是，成功的出现却是一种偶然的结果。这个偶然性其实就是我们不应该回避的幸运因素。

人生很多时候就像一场考试。

在同等智力条件和同等的付出下，大家的考试排名却会出现不同的结果。

也就是说，你能决定你的付出在考试中大体取得怎样的分数，但是你决定不了自己的排名。考试成绩的好坏有一定的必然性，但是排名的好坏却有一定的偶然性。

这乍一听起来，似乎有几分消极和宿命，但却恰恰是最积极的态度。

在人生中，对自己能把控的过程拼尽全力，对不能把控的结果随遇而安，这是一种诚实而成熟的人生态度。

唯有如此，无论面对什么样的结果，内心都能生出欢喜。

[3]

刚刚结束的奥运会中，红了一名运动小将傅园慧。

她的迅速走红，在很多人看来，是因为她没有套路。

她的回答没有套路可循，就像没有鼓点的音乐，让人踩不准节奏。只有让人觉得意外的东西，才会给人惊喜，进而心生喜欢。

其实，她的每个回答看似单纯无邪，实际上却足够真实且成熟。已经使出洪荒之力，这是她对自己付出的肯定。

拿到铜牌，她表示已经很满意了，对明天没有更多期待，这是她深深幸运感的体现。

一个人永远只能知道自己有多努力，付出了多少。但是，你永远不可能知道对手有多大天赋，有多少付出。

所以，与自己比，你的成绩有迹可循；与别人比，你的幸运也同样值得肯定和赞美的。回避幸运，才是不成熟的表现。

很多人有着天然的不幸感，这是因为他们误会了幸运，也不了解幸运感存在的意义。

他们误以为幸运就是毫无付出却遇到了天上掉馅饼，承认幸运，就像承认凭空捡了个大便宜。

更重要的是，他们低估了不幸感对自己人生的消极影响。这种不幸感使一个人在出发的勇敢、做事的效率和结果上大打折扣。

从心理学的角度来讲，长久的不幸感，会使一个人产生习得性无助。

不幸感会让人在行动开始之前，早早地自我否定，内心产生习惯性的无助。

这种反应会使自身对行动生出抗拒。这就相当于在行动之前质问自己：“世界上努力的人那么多，凭什么是我？”

这样自问的结果，内心会有一个声音很快回应自己：“算了，我肯定成功不了，那还不如不付出过得更悠闲自在。”

因此，这会让很多人逃避付出，一旦被迫付出，他们就会生出诸多抱怨和排斥。

[4]

在出租车司机身上存在一种现象，值得每个人深思。

在上下班高峰期，你若打的去城市的繁华地带，往往会遭到拒载。每个拒载的司机都有一套一模一样的理由。

那个地段太堵，自己肯定会被堵在路上动弹不得，绝对不划算。

有一次，我外出打的，接连被拒。好不容易遇到一个不拒载的师傅，我对他心生感激，并承诺若是堵车严重，我会给他一定的补偿。

他笑着拒绝了，反而说自己很少因为堵车而有所损失。

收入不理想的往往是那些爱拒载的师傅。他们一天的大部分时间都浪费在挑肥拣瘦上，却反而经常被堵在路上，或者空车而回。

而他从不拒载，一整天都在一个又一个的奔赴中。综合核算下来，他每天收入不错且稳定。

果然，在我准备下车时，已有乘客在路边等候上车了。后来，我再打的时，特意留意了下，不拒载的师傅确实很少有空白期，生意一个接一个。

这在一定程度上验证了“墨菲定律”：你如果担心某种情况发生，那么它就更有可能发生。

当然，这并不是说有幸运感的的士司机不会遭遇堵车，而是他们不会无限夸大堵车给自己带来的不良后果。

没有强烈的不幸感，就不会让他们的行动堵在“心理的路上”，凭空上演一出又一出不幸的戏码。他们的行动往往更加积极主动。

因此，幸运感的存在对一个人的行动有着极其重要的牵引作用。它能够让你在对的时间生出正确的自我暗示。

在行动开始前，你能够告诉自己："世界那么大，为什么不能够是我？"

这样，你的行动会变得冲劲十足。若结果并不如愿，你又能够坦然告诉自己："世界那么大，为什么非得是我？"

这犹如狄更斯在《双城记》中所说："这是最好的时代，这是最坏的时代。"充满不幸感的人，永远在抱怨这是别人最好的时代，是自己最坏的时代。

而充满幸运感的人，永远能在最坏的时代里，找到属于自己的最好的机会。即使结果不尽如人意，他们也会坚信，那些走过的路一步都不会白费。

未来有一天，它们终会变成另外一个成功的必然积累，成就更好的自己。